La relativité d'Einstein simplifiée par Hamid Simon

Sommaire

Introduction 5
Historique 7
1. Dilatation de temps selon la méthode simple 9
2. Contraction de longueur selon la méthode simple 14
3. Interprétation de la relation d'équivalence masse-énergie 17
4. Interprétation de défaut de masse 18
5. Augmentation de la masse selon la méthode simple 19
6. La nouvelle vision sur l'allongement de la durée de vie du muon 23
7. Décalage d'horloges dans la relativité 42
7.1. Premier type de décalage d'horloges dans la relativité 43
7.2. Deuxième type de décalage d'horloges dans la relativité 47
8. Espace-temps 49
9. Paradoxe des jumeaux 68
10. Inexactitude de la méthode de détermination du facteur de Lorentz par l'horloge lumineuse 81
10.1. Présentation de la méthode 81
10.2. Premier argument de l'inexactitude de l'horloge lumineuse, pour détermination du facteur de Lorentz 86
10.3. Deuxième argument de l'inexactitude de l'horloge lumineuse, pour détermination du facteur de Lorentz 87
10.4. Comportement réel d'un rayon lumineux vertical au mouvement de sa source 91
11. La gravitation 95
11.1. Gravitation newtonienne sur la surface d'un objet massif 95
11.2. Gravitation newtonienne à l'intérieur d'un objet massif 101
11.3. Gravitation newtonienne à l'extérieur d'un objet massif 106
11.4. La gravitation selon Einstein 111

Introduction

La relativité (générale et restreinte) est correcte et très logique ; mais sa mauvaise transmission l'a rendu absurde au point où elle est devenue une science-fiction chez plusieurs gens.

Cet ouvrage contient plusieurs études que j'ai faites afin de faciliter et éclaircir cette discipline pour tout le monde, en employant de nouvelles méthodes mathématiques courtes et simples, avec des explications accommodantes.

Au sujet de la dilatation du temps, de la contraction de la longueur, et de l'augmentation de la masse ; j'ai utilisé une méthode mathématique très courte où le facteur relativiste de Lorentz s'obtient d'une manière automatique. Comme j'ai fourni des explications conduisant les gens à distinguer formellement entre la valeur propre et la valeur mesurée en relativité restreinte.

En outre j'ai traité la formule d'équivalence masse-énergie, et le défaut de masse, d'une manière très explicite.

Dans cet ouvrage, j'ai inséré aussi une nouvelle étude que j'ai faite sur l'allongement de la durée de vie du muon atmosphérique, en démontrant que cette durée de vie n'a aucune relation avec le facteur de Lorentz ; mais elle est due à la légère différence entre la vitesse de cet électron lourd et celle l'électron stable.

Pour une compréhension convenable de cette branche de la physique, j'y ai introduit des explications détaillées sur le décalage relativiste des horloges ; et aussi toute une étude que j'ai faite sur ce qu'on appelait paradoxe des jumeaux.

A propos de la relativité générale, j'ai publié dans cet ouvrage une étude sur la gravitation newtonienne et celle d'Einstein. Cette étude que j'ai faite permet de faire comprendre les principes de base de cette branche de la relativité, tels que la déformation de l'espace-temps par les objets massifs, les géodésiques de l'espace-temps suivant lesquelles les objets spatiaux se déplacent, etc.

Tout de même, j'y ai publié une parenthèse montrant que la méthode de détermination du facteur relativiste de Lorentz par l'horloge lumineuse, c'est à dire au moyen du théorème de Pythagore, est en effet incorrecte.

Historique

Lorsque j'étais jeune (18 à 20 ans), j'ai rencontré un étudiant universitaire, et j'ai discuté avec lui un bon moment. Je ne m'en souviens pas bien, mais tout ce que j'ai retenu c'est qu'il m'avait dit : « A l'université, il y a une branche de la physique qui s'appelle relativité, et qui montre que si quelqu'un voyagerait pendant un certain temps avec une vitesse proche à celle de la lumière ; à son retour, il trouvera son frère jumeau plus grand que lui de 10 ans ». Je me suis dit que ce jeune est en train de se moquer de moi. Et si je ne me trompe pas, cette date était entre 1973 et 1976 ; car dans cette période, je faisais mes études secondaires à distance de chez des volontaires catholiques du Diocèse de Grenoble-Vienne (France) afin d'aller étudier à l'université.

Dans ma deuxième année à l'université (1977-1978), mon professeur de physique a enseigné à mon groupe la relativité restreinte : La base de cette matière ; les transformations de Lorentz ; la dilatation du temps ; la contraction des longueurs et l'augmentation de la masse, avec l'accroissement de la vitesse. De même il nous a donné tout un cours sur ce qu'on appelle « paradoxe des jumeaux ». Mais je n'avais rien compris de cette branche de physique, et elle m'avait paru bizarre et absurde.

J'ai demandé ce professeur pour une consultation supplémentaire pour qu'il m'explique cela. Mais après son explication, j'ai remarqué que lui-même a des lacunes dans cette branche de physique, et pourtant c'est un très bon physicien. Comme ce sujet ne m'intéressait pas trop, je l'ai classé et j'ai arrêté d'en discuter.

Après la publication de mon dernier ouvrage sur l'étude de la Bible, chez Amazon le 18 juin 2018, et qui s'appelle guide de la lecture scientifique de la Bible, j'ai décidé de revoir la relativité. Après quelques mois d'étude sur ce sujet, j'ai réussi à élaborer « **la méthode mathématique simplifiée de la compréhension de la relativité restreinte** » qui m'a permis de comprendre facilement, la dilatation du temps, la contraction des longueurs, et l'augmentation de la masse, avec l'accroissement de la vitesse ; ainsi que ce qu'on appelle paradoxe des jumeaux ; et j'ai eu une nouvelle vision sur l'allongement

de la durée de vie du muon ; etc. Au sujet de la méthode de détermination du facteur de Lorentz (γ) au moyen de ce qu'on appelle « horloge lumineuse » (appelée aussi véhicule de Lorentz, véhicule de Poincaré, horloge d'Einstein,...) basée sur le théorème de Pythagore, et qui est enseignée jusqu'à présent
(30 avril 2020) par certains enseignants de physique ; j'ai trouvé qu'elle est en effet incorrecte. Mais selon mon principe personnel : **« Tout scientifique peut se tromper et faire des erreurs, mais l'erreur est de persister dans les erreurs ; et la plus grande erreur est au scientifique qui n'en propose rien pour ne pas y faire d'erreurs, et critique les travaux des autres scientifiques sans rien proposer en partie !** ». En tout cas, je ne connais pas le premier auteur de cette méthode, et elle n'était citée par aucun participant à l'élaboration de la relativité restreinte, tels que : Einstein, Lorentz, Poincaré, etc.

Par la méthode mathématique simplifiée de la compréhension de la relativité restreinte, j'ai confirmé que **la relativité restreinte élaborée par Einstein, Lorentz, Poincaré et d'autres de leurs époque, est parfaitement correcte, tout simplement elle était mal transmise.**

Au sujet de la relativité générale, je n'ai trouvé aucun problème pour sa compréhension : Elle est correcte et claire pour moi. Tout de même, jusqu'à présent (30 avril 2020), il y a des gens qui croient qu'elle réfute la gravitation newtonienne, et pourtant ce n'est pas le cas.

Ce livre a été achevé le 14 avril 2020 ; mais j'ai bloqué sa publication suite au problème de Covid-19.

Hamid Simon

1. Dilatation de temps selon la méthode simple

La mauvaise transmission de la relativité restreinte, a laissé certains gens penser que la dilatation du temps selon cette théorie est absurde. Car le temps est logiquement une grandeur physique invariable, qui est proportionnelle à la durée de rotation de la terre: C'est-à-dire un jour moyen, correspond à un tour de rotation de la terre autour d'elle-même, par rapport au soleil.

Dans cette étude, j'ai déterminé cette dilatation du temps, en appliquant une méthode mathématique très courte et très simple, qui confirme la relativité restreinte, et la rend très logique et facile pour tout le monde :

Considérons une règle de longueur l_0 dont les extrémités sont désignées par x_1 et x_2. Elle est fixée dans un référentiel R qui est au repos, comme l'indique la figure suivante :

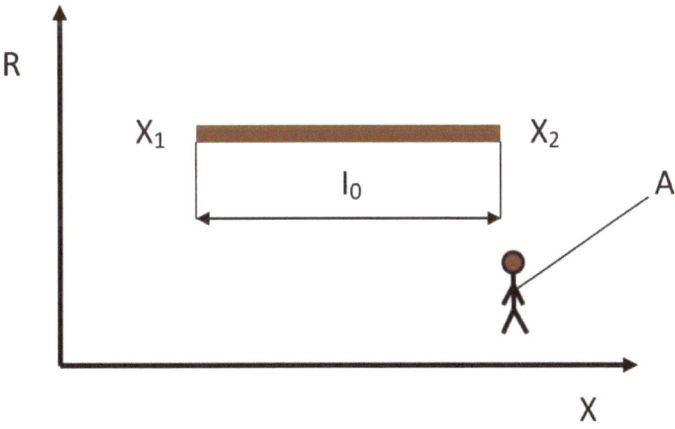

Fig.1. Observation d'une règle fixe dans un référentiel R au repos

Ici, l'observateur A qui est dans le référentiel R, voit que le temps de passage de la lumière de l'extrémité x_1 à l'extrémité x_2 de la règle, est égal à celui de passage de l'extrémité x_2 à l'extrémité x_1. Si on désigne ce temps par t_0 qui est le temps propre, on a :

$$t_0 = \frac{l_0}{c} \qquad (1)$$

D'où

$$l_0 = ct_0 \qquad (2)$$

Où c est la célérité de la lumière

Considérons maintenant cette règle fixée à un référentiel R' qui se déplace par rapport au référentiel R, dans le sens de l'axe des abscisses x, avec une vitesse v constante. Représentons cela par le schéma suivant :

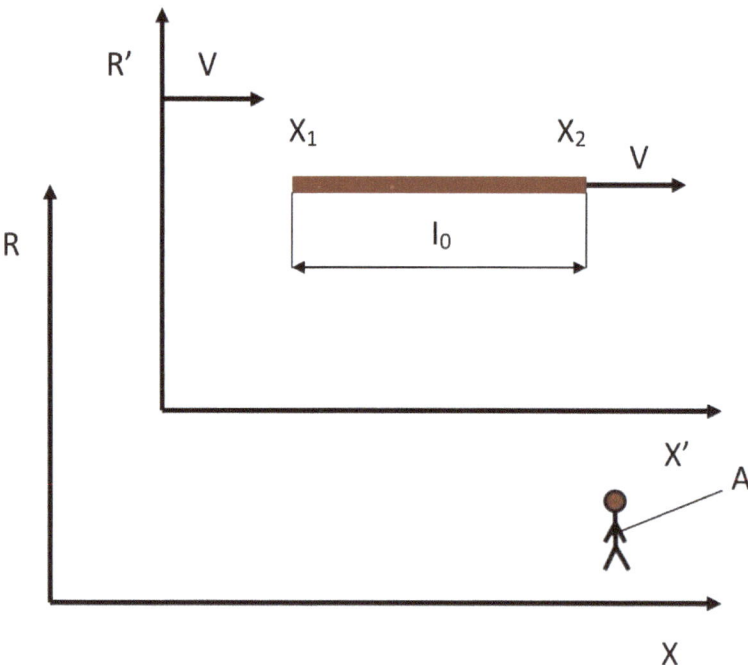

Fig.2. Observation d'une règle fixe dans un référentiel R' en déplacement

Dans ce cas, la lumière émise de l'extrémité x_1 initiale, arrive à l'extrémité x_2 déplacée de la règle dans un temps t_1 qui est supérieur à t_0 ; or la lumière émise de x_2 initiale, arrive à x_1 déplacée, dans un temps t_2 qui est inferieur à t_0. Car la propagation de la lumière est indépendante de sa source.

Représentons cela par le schéma suivant :

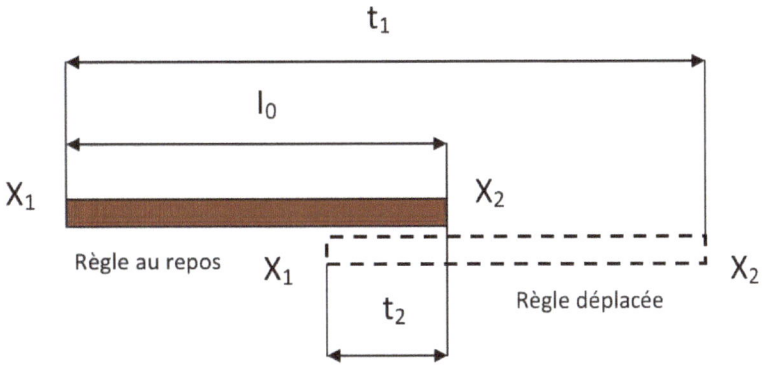

Fig.3. Représentation schématique de la dilatation du temps

Pour ce cas, le temps t_1 de déplacement de la lumière de l'extrémité x_1 initiale à l'extrémité x_2 déplacée, est égal à :

$$t_1 = \frac{l_0}{c - v} \qquad (3)$$

D'où

$$l_0 = t_1(c - v) \qquad (4)$$

Et le temps t_2 mis par la lumière de l'extrémité x_2 initiale à l'extrémité x_1 déplacée, est égal à :

$$t_2 = \frac{l_0}{c + v} \qquad (5)$$

D'où

$$l_0 = t_2(c+v) \qquad (6)$$

Attention : Il n'y a pas de vitesse supérieure à celle de la lumière ; mais le dénominateur (c+v) de l'équation ci-dessus, n'est qu'une addition de deux vitesses de deux choses indépendantes (photon et règle).

Les équations 2, 4 et 6, montrent que :

$$l_0 = ct_0 = t_1(c-v) = t_2(c+v)$$

De cela on tire :

$$l_0^2 = c^2 t_0^2 = t_1 t_2 (c-v)(c+v)$$

C'est-à-dire :

$$c^2 t_0^2 = t_1 t_2 (c^2 - v^2) \qquad (7)$$

Transformons cette dernière :

$$t_1 t_2 = \frac{c^2 t_0^2}{c^2 - v^2}$$

Multiplions et divisons le deuxième membre de cette équation par $1/c^2$. Nous obtenons :

$$t_1 t_2 = \frac{t_0^2}{1 - \frac{v^2}{c^2}} \qquad (8)$$

Faisons le partage équitable :

$$t_1 t_2 = t^2$$

Alors

$$t^2 = \frac{t_0^2}{1 - \frac{v^2}{c^2}} \qquad (9)$$

Donc :

$$t = \frac{t_0}{\sqrt{1 - \frac{v^2}{c^2}}} \qquad (10)$$

Comme γ est le facteur de Lorentz, c'est à dire :

$$\gamma = \frac{1}{\sqrt{1 - \frac{v^2}{c^2}}} \qquad (11)$$

Le temps t est par conséquent :

$$t = \gamma t_0 \qquad (12)$$

Où t_0 et t, sont respectivement le temps propre et le temps mesuré.

Note :
De l'équation 9 ou 10 de ce chapitre, on peut déduire la formule suivante :

$$c^2 t^2 = c^2 t_0^2 + v^2 t^2$$

Cette dernière a une forme du théorème de Pythagore ; mais en effet elle n'a aucune relation avec (voir chapitre 10 de cet ouvrage).

2. Contraction de longueur selon la méthode simple

Dans le système international, la longueur est mesurée en mètre qui est pratiquement égal à un bon pas d'un homme. Comment donc la longueur d'une règle qui se déplace longitudinalement en mouvement rectiligne uniforme, peut-elle diminuer ?

La réponse est : La difficulté ne réside pas dans la relativité restreinte, mais dans sa mauvaise transmission qui lui a donné une vision absurde ; néanmoins cette théorie est en effet très simple et logique.

Dans cette étude j'expose une méthode mathématique très simple et très courte, pour expliquer et déterminer la contraction de la longueur dans les référentiels en mouvement rectiligne uniforme.

Prenons la figure 1 du chapitre 1 de cet ouvrage :

D'après ce schémas, l'observateur A qui est dans le référentiel au repos R, voit que le temps de passage de la lumière de l'extrémité x_1 à l'extrémité x_2 de la règle, est égal à celui de passage de l'extrémité x_2 à l'extrémité x_1. Si on désigne ce temps propre par t_0, on a :

$$t_0 = \frac{l_0}{c} \qquad (1)$$

Mais dans le référentiel R' de la figure 2 du chapitre 1 de cet ouvrage, lorsque la règle se déplace pendant un temps propre t_0, la longueur l_1 parcourue par la lumière de l'extrémité x_1 déplacée jusqu'à l'extrémité x_2 initiale, est inferieure à la longueur propre l_0 de la règle. Alors que la longueur l_2 qui est parcourue par la lumière, de l'extrémité x_2 déplacée, jusqu'à l'extrémité x_1 initiale, est supérieure à la longueur propre l_0 de la règle.

Représentons cela par le schéma suivant :

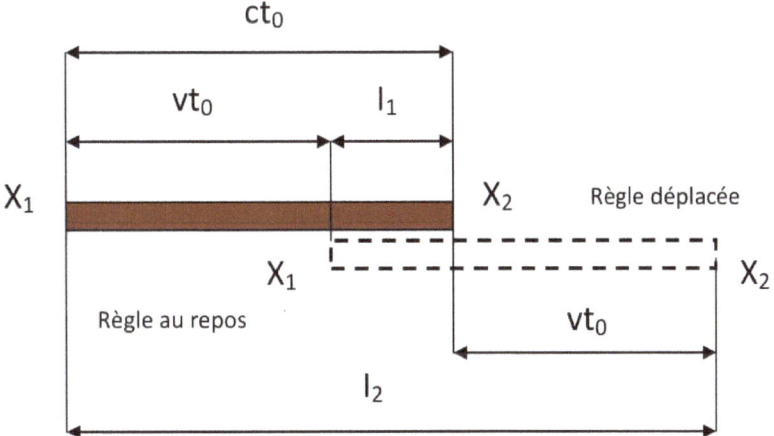

Fig.4. Représentation schématique de la contraction de la longueur

De cette figure on tire :

$$ct_0 = l_1 + vt_0 \Rightarrow l_1 = t_0(c - v)$$

D'où

$$t_0 = \frac{l_1}{c - v} \qquad (2)$$

Et

$$l_2 = ct_0 + vt_0 \Rightarrow l_2 = t_0(c + v)$$

D'où

$$t_0 = \frac{l_2}{c + v} \qquad (3)$$

Les égalités 1, 2 et 3 montrent que :

$$t_0 = \frac{l_0}{c} = \frac{l_1}{c-v} = \frac{l_2}{c+v}$$

De cela on tire :

$$t_0^2 = \frac{l_0^2}{c^2} = \frac{l_1 l_2}{(c-v)(c+v)} = \frac{l_1 l_2}{c^2-v^2}$$

C'est-à-dire :

$$\frac{l_0^2}{c^2} = \frac{l_1 l_2}{c^2-v^2}$$

Faisons des transformations mathématiques :

$$l_1 l_2 = \frac{l_0^2(c^2-v^2)}{c^2}$$

Multiplions et divisons le 2e membre de cette équation par $1/c^2$; nous obtenons :

$$l_1 l_2 = l_0^2 \left(1 - \frac{v^2}{c^2}\right) \qquad (4)$$

Fisons le partage équitable :

$$l_1 l_2 = l^2$$

Donc :

$$l^2 = l_0^2 \left(1 - \frac{v^2}{c^2}\right) \qquad (5)$$

Et la racine carrée de l'égalité ci-dessus, nous donne :

$$l = l_0 \sqrt{1 - \frac{v^2}{c^2}} \qquad (6)$$

Comme le facteur de Lorentz γ est égal à :

$$\gamma = \frac{1}{\sqrt{1 - \frac{v^2}{c^2}}}$$

Nous aurons :

$$l = \frac{l_0}{\gamma} \qquad (7)$$

3. Interprétation de la relation d'équivalence masse-énergie

Prenons un corps A unitaire (A) ou composé ($A_1+A_2+...+A_n$) de masse quelconque, qui se transforme en un produit B unitaire (B) ou composé ($B_1+B_2+...+B_n$), par réaction chimique, nucléaire, etc. Pendant sa transformation, il dégage ou absorbe de l'énergie E_i.

Pour une transformation exothermique on peut écrire :

$$A \longrightarrow B + E_i \qquad (1)$$

Principalement l'énergie est mesurée en joule ; c'est-à-dire en $kg\,m^2 s^{-2}$; donc l'équivalence entre la masse exprimée en son unité (kg) et l'énergie, est le produit de la masse, et une constante K qui est exprimé en $m^2 s^{-2}$, ainsi :

$$E_i = Km_i \qquad (2)$$

En fait, m_i est une masse équivalente à l'énergie, qui n'est pas égale à la masse régissante considérée ; et sa valeur dépend du type de la réaction.

Par exemple une masse m_u d'uranium régissant chimiquement, correspond à une masse m_1 équivalente à une énergie E_1 dégagée lors de cette réaction chimique. Mais si la même masse m_u réagit nucléairement, la masse m_2 équivalente à l'énergie nucléaire E_2 dégagée, est différente de m_1.

Les anciens physiciens avaient choisi le carré de la célérité de la lumière (c^2) comme constante de proportionnalité, afin que le produit de la masse et le carré de la célérité de la lumière, s'exprime en unité d'énergie qui est principalement le joule. Par conséquent :

$$E_i = m_i c^2 \qquad (3)$$

D'où l'énergie E équivalente à une masse quelconque m_0 au repos, c'est à dire qui ne produit pas une énergie cinétique, et qu'on appelle « énergie de masse » est égale à :

$$E = m_0 c^2 \qquad (4)$$

Certes, il y a des scientifiques qui déduisent cette dernière à partir de la formule de la variation relativiste de la masse en fonction de la vitesse ($m=\gamma m_0$) ; mais en réalité cette formule n'est qu'une très simple relation d'équivalence, qui ne nécessite pas une démonstration mathématique. On ne connait pas exactement son premier auteur, mais Albert Einstein l'a rendu célèbre par la relativité.

4. Interprétation de défaut de masse

En physique nucléaire, on remarque que la masse d'un noyau atomique, est inferieure à la somme des masses des nucléons (protons + neutrons) qui le constituent. Cette différence Δm_a s'appelle « défaut de masse ». On le représente comme suit :

$$\Delta m_a = Zm_p + (A-Z)m_n - m_a \qquad (1)$$

Où A, Z, m_p, m_n et m_a, sont respectivement le nombre de masse ; le numéro atomique ; la masse du proton, la masse du neutron, et la masse du noyau atomique.

La mauvaise transmission de la relativité restreinte, a laissé jusqu'aujourd'hui (30 avril 2020), des scientifiques expliquent le défaut de masse par la formule d'équivalence masse-énergie ($E=mc^2$) qui n'est seulement qu'une très simple relation d'équivalence, en disant que la masse se transforme en énergie. Mais aucun de nous ne connait le mécanisme de transformation de la masse en énergie. Par conséquent, on ne peut expliquer convenablement ce défaut de masse, qu'après avoir trouvé plusieurs secrets de la matière, qui ne sont pas encore découverts.

5. Augmentation de la masse selon la méthode simple

Dans la relativité restreinte, on trouve que la masse augmente avec la vitesse selon la relation :

$$m = \frac{m_0}{\sqrt{1 - \frac{v^2}{c^2}}} \qquad (1)$$

Ou bien

$$m = \gamma m_0 \qquad (2)$$

Logiquement on ne voit pas comment une masse qui se déplace en mouvement rectiligne uniforme, augmente avec sa vitesse ?

En l'occurrence, le problème n'est pas dans la relativité restreinte, mais dans sa mauvaise transmission.

Prenons une masse m_0 de matière qui est au repos. Selon la formule 4 du chapitre 3 de cet ouvrage, l'énergie qui est équivalente à cette masse (énergie de masse) est égale à :

$$E = m_0 c^2 \qquad (3)$$

Comme cette énergie équivalente, peut être exothermique ou endothermique :
-Pour le cas exothermique on écrit :

$$+E = +m_0 c^2 \qquad (4)$$

Et pour le cas endothermique on écrit :

$$-E = -m_0 c^2 \qquad (5)$$

Les quantités de mouvements correspondantes à ces cas sont respectivement :

$$+q = +m_0 c \qquad (6)$$

$$-q = -m_0 c \qquad (7)$$

Si la masse m_0 se déplace avec la vitesse v ; pour ces quantités de mouvement (+q,-q), on aura des variations dans cette masse équivalente à l'énergie ; ainsi :

$$+q = +m_1 c + m_1 v \qquad (8)$$

$$-q = -m_2 c + m_2 v \qquad (9)$$

Ou bien

$$+q = +m_1(c+v) \qquad (10)$$

$$-q = -m_1(c-v) \qquad (11)$$

Où m_1 et m_2, sont respectivement la nouvelle masse équivalente a l'énergie (+E) pour le cas exothermique, et la nouvelle masse équivalente à l'énergie (-E) pour le cas endothermique.

Pour obtenir les énergies +E et -E, on doit multiplier ces quantités de mouvement par la constante c qui est la vitesse de la lumière. En conséquence :

$$+E = +qc = +m_1(c^2 + cv) \qquad (12)$$

$$-E = -qc = -m_2(c^2 - cv) \qquad (13)$$

Les grandeurs +E et –E sont égales en valeurs absolues. C'est-à-dire :

$$E = +E = |-E| \qquad (14)$$

Par conséquent, à partir des expressions 4, 12 et 13 on voit que :

$$E = m_0 c^2 = +m_1(c^2 + cv) = |-m_2(c^2 - cv)|$$

Donc :

$$E = m_0 c^2 = m_1(c^2 + cv) = m_2(c^2 - cv) \qquad (15)$$

Le carré de E est en effet égal à :

$$E^2 = m_0^2 c^4 = m_1(c^2 + cv) \cdot m_2(c^2 - cv) \qquad (16)$$

Faisons des transformations mathématiques :

$$m_0^2 c^4 = m_1 m_2 (c^2 + cv)(c^2 - cv) = m_1 m_2 (c^4 - c^2 v^2) \implies$$

$$m_1 m_2 = \frac{m_0^2 c^4}{c^4 - c^2 v^2} \qquad (17)$$

Multiplions et divisons le deuxième membre de cette équation par $1/c^4$; on aura :

$$m_1 m_2 = \frac{m_0^2}{1 - \frac{v^2}{c^2}} \qquad (18)$$

Faisons le partage équitable :

$$m_1 m_2 = m^2$$

Alors

$$m^2 = \frac{m_0^2}{1 - \frac{v^2}{c^2}} \qquad (19)$$

D'où

$$m = \frac{m_0}{\sqrt{1 - \frac{v^2}{c^2}}} \qquad (20)$$

Ou bien

$$m = \gamma m_0 \qquad (21)$$

Donc selon cette démonstration, en relativité restreinte c'est la masse m équivalente à l'énergie qui augmente avec la vitesse ; et non pas la masse réelle (masse propre) m_0 qui est toujours invariante quelque soit sa vitesse de son déplacement.

6. La nouvelle vision sur l'allongement de la durée de vie du muon

Les documents scientifiques nous enseignent que le muon est une particule de charge négative, ayant une masse de 107 fois celle de l'électron. Comme il a les mêmes propriétés physiques de l'électron, on l'appelle « électron lourd ».

Sur notre planète les muons sont obtenus en grand nombre dans la haute atmosphère, par action des rayons cosmiques.

Le muon (μ^-) est instable ; il se désintègre selon le mécanisme suivant : Le muon μ^- (masse= 105,66 Mev.c^{-2}) se transforme en neutrino muonique ν_μ, et en boson de jauge w$^-$ qui est une particule agissant comme porteur de l'interaction faible (masse = 80,4 GeV.c^{-2} soit environ la masse de 81 protons), qui se transforme à son tour en un électron e$^-$ accompagné d'un antineutrino électronique $\overline{\nu}_e$:

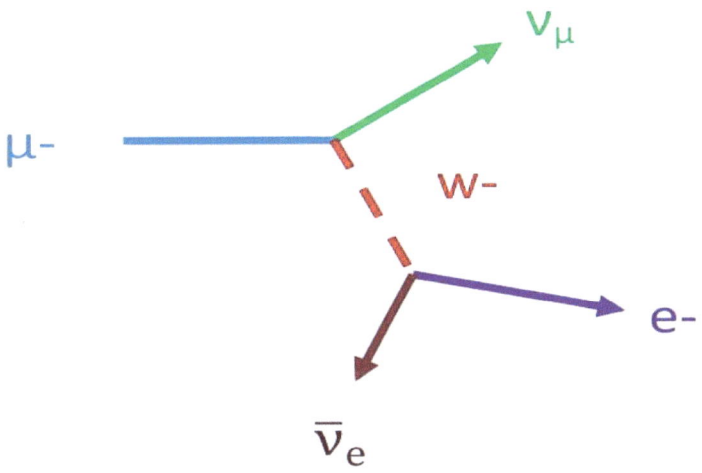

Fig.1. Schéma de désintégration du muon

La durée de vie d'un muon au repos (t_{0v}) est environ 2,2µs, et sa vitesse v_μ dans l'atmosphère est proche à celle de la lumière.

Normalement, la distance $l_{0\mu}$ parcourue par le muon avant sa désintégration est égale à :

$$l_{0\mu} = v_\mu t_{0\mu} \qquad (1)$$

Par conséquent si la vitesse c de la lumière est de 3.10^5 km.s^{-1}, et la vitesse v_v du muon dans l'atmosphère est de 0,995c ; selon la formule ci-dessus, on aura la valeur de la distance $l_{0\mu}$ parcourue par le muon atmosphérique avant sa désintégration, qui est égale à :

$l_{0\mu}$=0,995.3.10^5.$2,2.10^{-6}$=0,65km

D'après ce résultat, le muon se désintègre avant d'arriver au sol ; mais ce n'est pas le cas ; car les expériences montrent qu'il y a beaucoup de muons qui arrivent jusqu'à la surface terrestre.

Comme la vitesse du muon atmosphérique, et celle de l'électron dégagé par désintégration du muon, sont proches à celle de la lumière ; la valeur de leur addition donne une vitesse qui est presque le double de celle de la lumière. Donc le problème de l'allongement de la durée de vie du muon en déplacement, ne doit se résoudre que par application de la relativité restreinte. Les scientifiques obtiennent des résultats positifs pour la durée de vie t_μ du muon en mouvement, lorsqu'ils multiplient la durée de vie $t_{0\mu}$ du muon au repos, par le facteur γ de Lorentz ; ainsi :

$$t_\mu = \gamma t_{0\mu} \qquad (2)$$

Où

$$\gamma = \frac{1}{\sqrt{1 - \frac{v_\mu^2}{c^2}}} \qquad (3)$$

Par conséquent

$$t\mu = \frac{t_{0\mu}}{\sqrt{1 - \frac{v_\mu^2}{c^2}}} \qquad (4)$$

Et la distance lµ parcourue par le muon avant sa désintégration est de :

$$l_\mu = v_\mu t_\mu \qquad (5)$$

C'est-à-dire :

$$l\mu = \frac{l_{0\mu}}{\sqrt{1 - \frac{v_\mu^2}{c^2}}} \qquad (6)$$

Donc pour la durée de vie du muon au repos qui est de 2,2µs ; si la vitesse c de la lumière est de 3.10^5 km.s^{-1}, et la vitesse v_v du muon dans l'atmosphère est de 0,995c ; selon la formule 4, on aura la durée du vie le muon atmosphérique en déplacement, avant sa désintégration, qui est égale à :

$$t\mu = \frac{2,2.10^{-6}}{\sqrt{1 - \frac{(0,995)^2.c^2}{c^2}}} = 2,2.10^{-5} s = 22 \mu s$$

Et la distance lµ parcourue en un temps tµ, est en l'occurrence égale à :

$$l_\mu = v_\mu t_\mu = 0,995 . 3.10^5 . 2,2.10^{-5} = 6,5 \text{ km}$$

Donc, on constate que la durée de vie du muon atmosphérique en mouvement, calculée à partir de la formule 4, est 10 fois supérieure à celle du muon au repos. Et la longueur lµ calculée à partir de la formule 5 (ou 6), est aussi 10 fois supérieure à celle calculée à l'aide de la formule 1.

Malgré que la formule 4 donne un résultat positif, je constate que la multiplication de la durée de vie $t_{0\mu}$ du muon au repos par le coefficient de Lorentz γ, ne convient pas, parce que la désintégration du muon donne un électron, accompagné d'un neutrino muonique et d'un antineutrino éléctronique ; et je ne vois pas où utiliser la vitesse c de la lumière pour ce cas, afin de multiplier par le coefficient de Lorentz qui tient compte de cette constante c. En fait, pour expliquer ce phénomène d'une manière convenable, on doit chercher les causes exactes qui font augmenter la durée de vie du muon atmosphérique en déplacement vers la surface de la Terre.

Après une certaine durée de travail, que j'ai passée sur ce sujet, j'ai conclu que la solution de ce problème, fait appel à la relativité restreinte ; et l'électron se déplace à l'intérieur du muon et du boson, et y passe un certain temps $t_{\mu s}$ de séjour avant sa sortie par désintégration.

Je ne connais pas encore la façon dont l'électron se déplace dans le muon et le boson ; mais pendant sa sortie, il doit passer par un dernier chemin l quelque soit le modèle proposé.

Le déplacement de l'électron e^- dans le muon μ^- et dans le boson w^-, se produit à l'intérieur d'une masse limitée par une enveloppe supposée sphérique, qu'on peut appeler « sphère muonique ». Dès que cet électron franchit la limite de cette sphère, on dit que le muon se désintègre en donnant un électron e^-, un neutrino muonique v_μ , et un antineutrino électronique $\bar{v}_e$. Représentons cela par le schéma suivant :

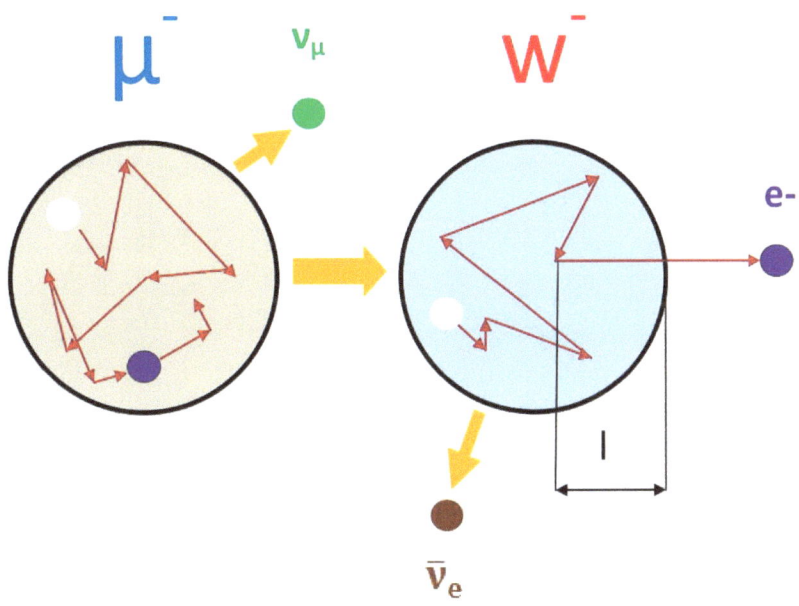

Fig.2. Déplacement de l'électron dans la sphère muonique pour le muon et le Boson

Sur cette figure, le cercle plein en blanc représente le point initial du commencement du mouvement de l'électron dans la sphère muonique ; le cercle noir désigne la limite de la sphère muonique pour le muon et le boson ; et les flèches indiquent les diverses directions du mouvement de l'électron, à l'intérieur de la sphère muonique.

Voici quelques modèles de déplacement de l'électron à l'intérieur de la sphère muonique, où :
-Le cercle désigne la limite de la sphère muonique.
-l est le dernier chemin de l'électron à l'intérieur de la sphère muonique.
- A est le point initial du commencement du mouvement de l'électron dans la sphère muonique.
- B est le point final du mouvement de l'électron dans la sphère muonique.
-les flèches indiquent les diverses directions du mouvement de l'électron à l'intérieur de la sphère muonique.

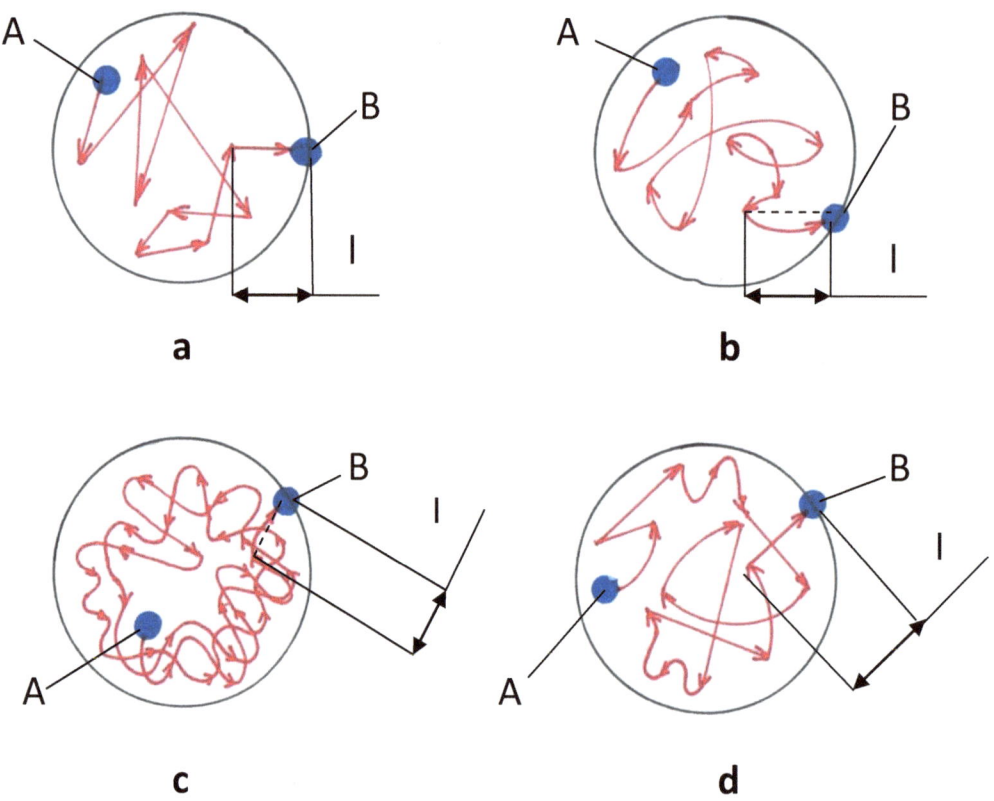

Fig.3. Quelques modèles de déplacement de l'électron dans la sphère muonique

a- Déplacement rectiligne chaotique de l'électron, à l'intérieur de la sphère muonique.
b- Déplacement chaotique de l'électron en courbes, à l'intérieur de la sphère muonique.
c- Déplacement vibrationnel de l'électron, à l'intérieur de la sphère muonique.
d- Déplacement mixte de l'électron, à l'intérieur de la sphère muonique.

Considérons par exemple le modèle **a** de la figure 3, où le déplacement de l'électron à l'intérieur de la sphère muonique, est rectiligne chaotique :

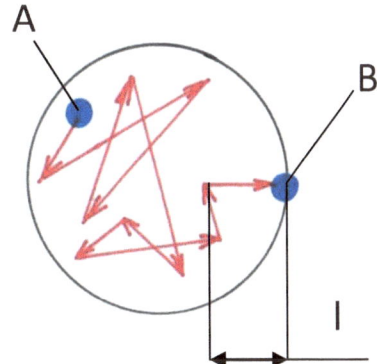

Fig.4. Cas de déplacement rectiligne chaotique de l'électron, à l'intérieur de la sphère muonique.

Ici la durée t_μ de vie du muon, est égale à la somme de la durée de séjour $t_{\mu s}$ de l'électron dans la sphère muonique pour le muon et le boson, avant sa dernière trajectoire l, et le temps t_p de son passage le long de cette dernière trajectoire ; ainsi :

$$t_\mu = t_{\mu s} + t_p \qquad (7)$$

La durée de séjour $t_{\mu s}$ de l'électron dans la sphère muonique pour le muon et le boson, avant sa dernière trajectoire l, est égale à :

$$t_{\mu s} = t'_{\mu s} + t_{sb} \qquad (8)$$

Où, $t'_{\mu s}$ est la durée de séjour de l'électron dans le muon avant sa transformation en boson, et t_{sb} est la durée de séjour de cet électron dans le boson, avant son dernier trajet l.

Lorsque le muon est au repos, le temps de passage t_{0p} de l'électron le long de sa dernière trajectoire l, est le rapport de cette longueur et la vitesse v_e de cet l'électron dégagé :

$$t_{0p} = \frac{l}{v_e} \qquad (9)$$

On note que dans le cas des autres modèles (voir figure 3 de ce chapitre) où la trajectoire l n'est pas droite, on utilise sa projection l' sur la ligne droite limitée par ses extrémités ; et la vitesse moyenne v' de l'électron, rapportée à cette projection. Représentons cela comme suit :

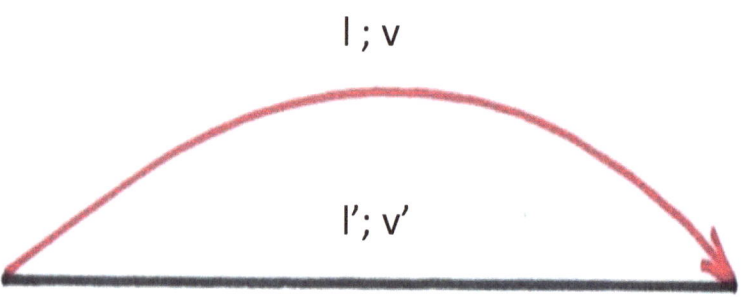

Fig.5. Projection de la dernière trajectoire courbe l de l'électron

Lorsque le muon est au repos, l'équation 7 s'écrit :

$$t_{0\mu} = t_{\mu s} + t_{0p} \qquad (10)$$

Où $t_{0\mu}$ est le temps de vie du muon au repos

Des équations 9 et 10 on aura :

$$t_{0\mu} = t_{\mu s} + \frac{l}{v_e} \qquad (11)$$

Puisque au repos la longue l est trop petite (moins de 10^{-15} m) et la vitesse v_e de l'électron est proche à celle de la lumière, le temps t_{0p} est donc négligeable devant $t_{\mu s}$; par conséquent la durée de vie $t_{0\mu}$ (2,2.10^{-6} s) du muon au repos est pratiquement égale à celle de séjour $t_{\mu s}$ de l'électron dans la sphère muonique pour le muon et le boson, avant sa dernière trajectoire l ; ainsi :

$$t_{0\mu} = t_{\mu s} \qquad (12)$$

Remplaçons dans l'équation 7, on aura :

$$t_\mu = t_{0\mu} + t_p \qquad (13)$$

Lorsque le muon passe de la haute atmosphère à la surface de la Terre, la direction sa désintégration en électron, peut se produire dans tous les sens de l'univers. Représentons cela par le schéma suivant :

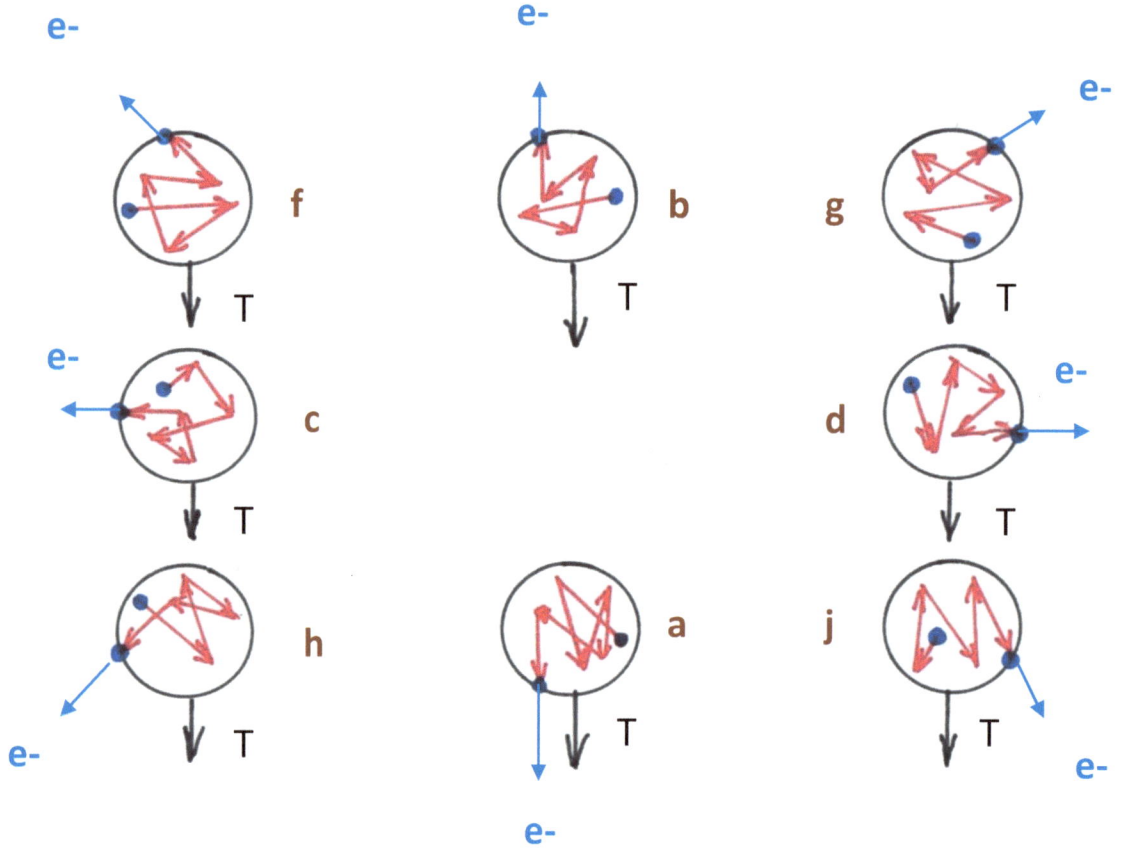

Fig.6. Directions de désintégration du muon en électron dans l'atmosphère terrestre

Sur ce schéma, les flèches noires notées par la lettre T, indiquent le déplacement du muon vers la Terre ; et les flèches bleues désignent la direction de désintégration du muon en électron.

Le muon au repos, correspondant à un référentiel R, peut être représenté par le schéma suivant :

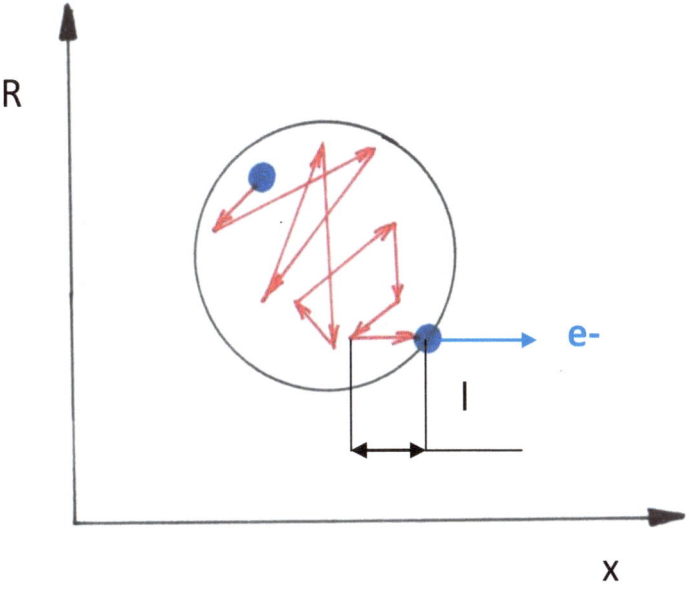

Fig.7. Désintégration d'un muon fixe dans un référentiel R au repos

Dans ce cas, l'électron e⁻ parcourt sa dernière trajectoire l dans la sphère muonique, en un temps égal à t_{0p} donné par l'équation 9. Mais lorsque le muon est en déplacement vers la surface de la Terre, sa durée de vie dépend de la direction de sa désintégration en électron.

Considérons le cas où le muon est en déplacement vers la Terre avec une vitesse v_μ, et dont sa désintégration en électron se produit dans la direction parallèle à son déplacement (figure 6a). Cela correspond à un référentiel R' en déplacement qui peut être représenté par le schéma suivant :

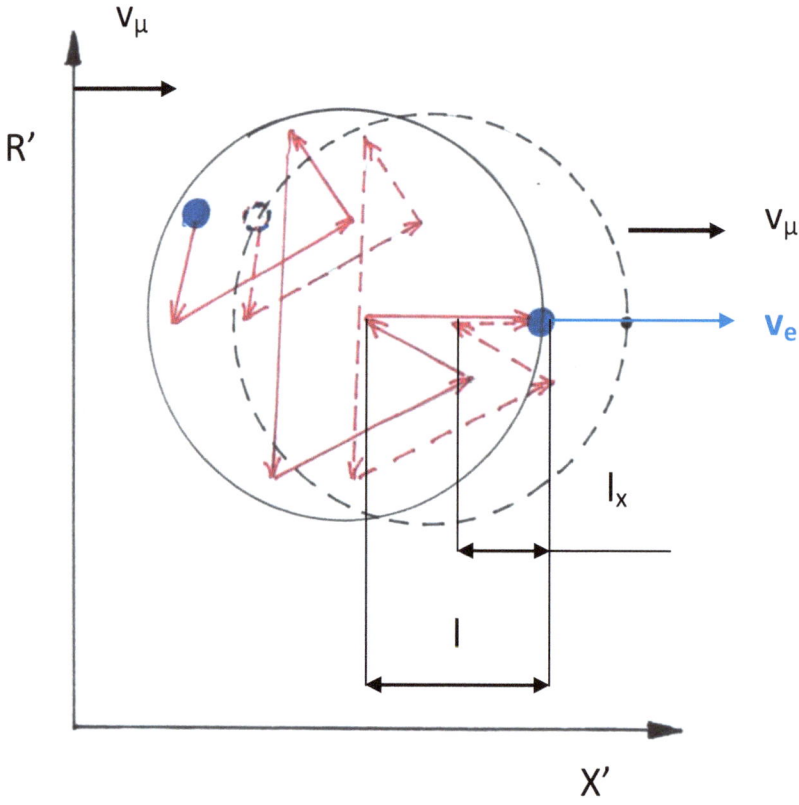

Fig.8. Muon fixe dans un référentiel R' en mouvement dans la direction de sa désintégration en électron

Comme la vitesse v_e de l'électron obtenu par désintégration muonique, et v_μ qui est celle du muon sont proches à celle de la lumière, le cas est relativiste ; et en l'occurrence, la vitesse de l'électron est indépendante de celle de sa source qui est le muon.

A travers la figure ci-dessus, on voit que lorsque le muon correspondant au référentiel R' se déplace avec une vitesse v_μ, la longueur l_x parcourue par l'électron durant un temps t_{0p}, est plus petite que la longueur l parcourue par l'électron pendant ce temps lorsque le muon est fixe dans un référentiel R au repos. Pour que l'électron parcourt la longueur l, c'est-à-dire jusqu'à la limite de la sphère muonique afin de la quitter, il doit prendre plus de temps.

Ce temps t_p de passage de l'électron, est égal à :

$$t_p = \frac{l}{v_e - v_\mu} \qquad (14)$$

Lorsque le muon est au repos ; de l'équation 9, on a :

$$l = t_{0p} v_e \qquad (15)$$

Et lorsque le muon est en déplacement avec la vitesse v_μ ; de l'équation 14, on aura :

$$l = t_p (v_e - v_\mu) \qquad (16)$$

Donc :

$$l = t_{0p} v_e = t_p (v_e - v_\mu) \qquad (17)$$

D'où

$$t_p = \frac{t_{0p} v_e}{(v_e - v_\mu)} \qquad (18)$$

Multiplions et divisons par $1/v_e$, on obtient :

$$t_p = \frac{t_{0p}}{1 - \frac{v_\mu}{v_e}} \qquad (19)$$

Remplaçons cela dans l'équation 13, nous obtenons la formule de la durée de vie du muon atmosphérique, en mouvement dans la direction de sa désintégration en électron ; ainsi :

$$t_\mu = t_{0\mu} + \frac{t_{0p}}{1 - \frac{v_\mu}{v_e}} \qquad (20)$$

Vu l'équation 18, on peut écrire cette formule comme suit :

$$t_\mu = t_{0\mu} + \frac{t_{0p} v_e}{(v_e - v_\mu)} \qquad (21)$$

Et vu l'équation 15, nous pouvons l'écrire aussi de la façon suivante :

$$t_\mu = t_{0\mu} + \frac{l}{(v_e - v_\mu)} \qquad (22)$$

<u>Note</u>

Réellement la durée de vie t_μ du muon au repos est donnée par l'équation 11. Mais le deuxième terme ($1/v_e$) de son deuxième membre est négligeable devant le premier ($t_{\mu s}$), et on trouve que $t_{0\mu}$ est pratiquement égal à $t_{\mu s}$ (équation 12). Mais si on tient compte de ce deuxième terme du deuxième membre de l'équation, la formule 22, sera écrite comme suit :

$$t_\mu = t_{0\mu} - \frac{l}{v_e} + \frac{l}{(v_e - v_\mu)}$$

Ou bien

$$t_\mu = t_{0\mu} + \frac{l}{(v_e - v_\mu)} - \frac{l}{v_e} \Rightarrow t_\mu = t_{0\mu} + \frac{l v_\mu}{v_e^2 - v_\mu v_e} \qquad (22')$$

Considérons maintenant le cas où le muon est en déplacement vers la Terre avec une vitesse v_μ, et dont sa désintégration en électron, se produit dans la direction opposée à son déplacement vers la surface terrestre (figure 6b) ; ce qui correspond à un référentiel R' en mouvement. Cela peut être représenté par le schéma suivant :

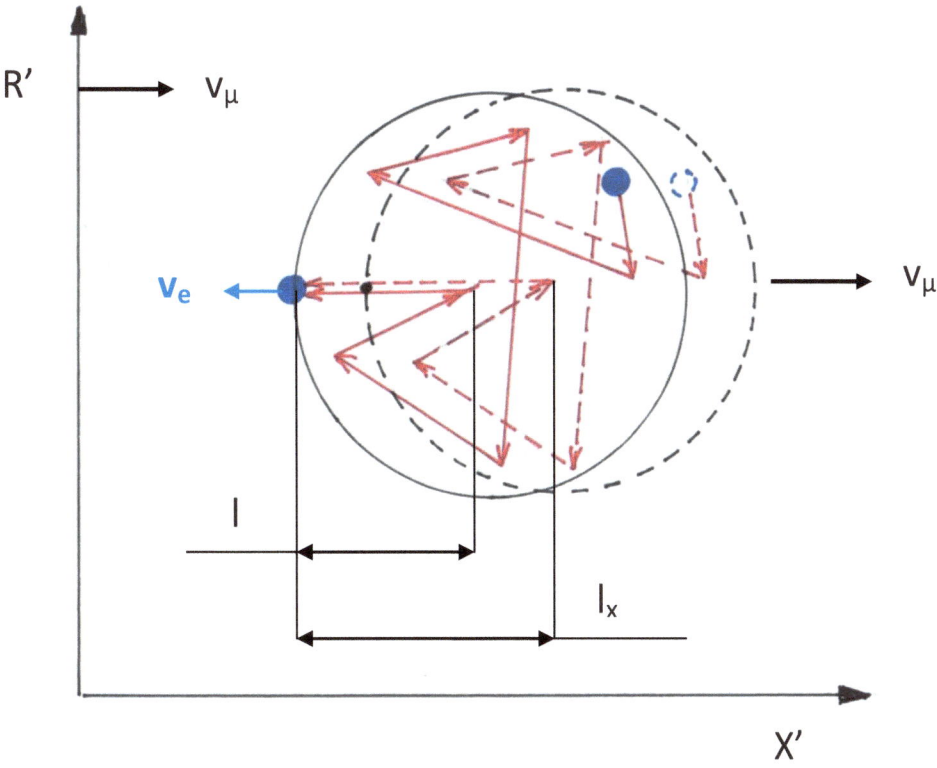

Fig.9. Muon fixe dans un référentiel R' en mouvement dans la direction opposée au sens de sa désintégration en électron

A travers la figure ci-dessus, on voit que lorsque le muon correspondant au référentiel R' se déplace avec une vitesse v_μ, la longueur l_x parcourue par l'électron durant un temps t_{0p}, est plus grande que la longueur l parcourue par l'électron pendant ce temps lorsque le muon est fixe dans un référentiel R au repos. Pour que l'électron parcourt la longueur l, c'est-à-dire jusqu'à la limite de la sphère muonique afin de la quitter, il doit prendre moins de temps.
Ce temps t_p de passage de l'électron, est égal à :

$$t_p = \frac{l}{v_e + v_\mu} \qquad (23)$$

D'où

$$l = t_p(v_e + v_\mu) \qquad (24)$$

Et lorsque le muon est au repos, la longueur l est donnée par l'équation 15. Qui est :

$$l = t_{0p} v_e$$

Par conséquent de 15 et 24 on obtient :

$$l = t_{0p} v_e = t_p(v_e + v_\mu) \qquad (25)$$

D'où

$$t_p = \frac{t_{0p} v_e}{(v_e + v_\mu)} \qquad (26)$$

Remplaçons cela dans l'égalité 13, nous obtenons l'équation de la durée de vie du muon atmosphérique en déplacement dans la direction opposée à celle de sa désintégration en électron ; ainsi :

$$t_\mu = t_{0\mu} + \frac{t_{0p} v_e}{(v_e + v_\mu)} \qquad (27)$$

Et vu l'équation 15, nous pouvons l'écrire de la façon suivante :

$$t_\mu = t_{0\mu} + \frac{l}{(v_e + v_\mu)} \qquad (28)$$

Comme la longueur l du dernier parcours de l'électron dans la sphère muonique est trop petite (moins de 10^{-15} m), et les vitesses v_e et v_μ sont proches à celle de la lumière ; le deuxième terme du deuxième membre de cette équation, est négligeable devant le premier. Par conséquent, la durée de vie t_μ

d'un muon dont la direction de désintégration est opposée à celle de son déplacement vers la Terre, est pratiquement égale à sa durée de vie $t_{0\mu}$ au repos ($2.2 \cdot 10^{-6}$ s) ; ainsi :

$$t_\mu = t_{0\mu} \qquad (29)$$

Maintenant, considérons le cas où la désintégration du muon en électron, est suivant la direction oblique du sens opposé au déplacement du muon en direction la surface terrestre (figures 6f et 6 g) :

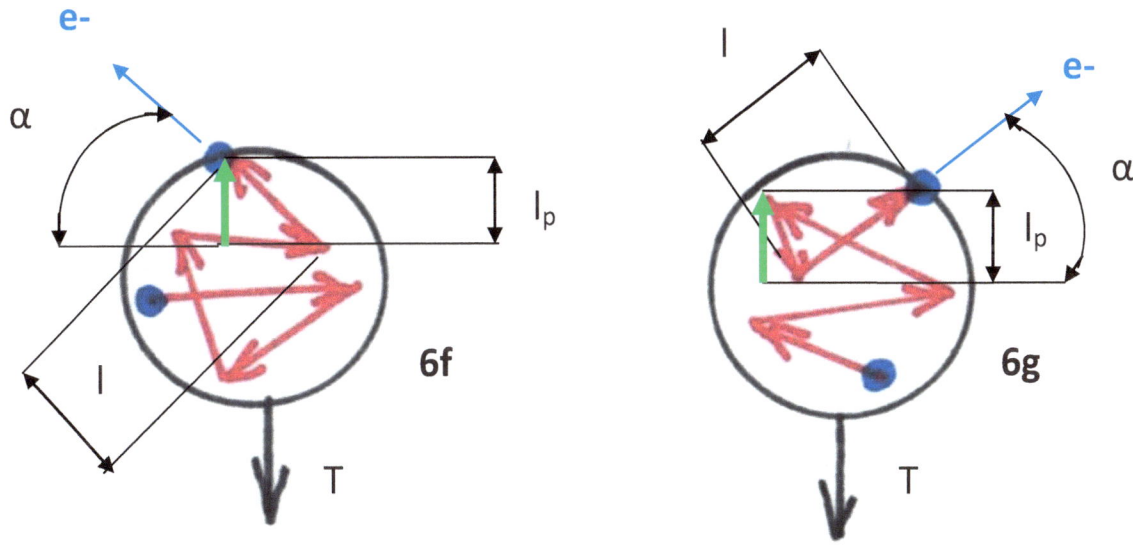

Fig.10. Reproduction des figures 6f et 6g

Pour les cas représentés par les figures 6f et 6g, où la direction de désintégration du muon en électron est oblique au sens opposé au déplacement du muon vers la surface terrestre, la durée de vie de ce muon est en l'occurrence donnée par la formule 28 dans laquelle on remplace la longueur l par sa projection l_p (les flèches vertes); ainsi :

$$t_\mu = t_{0\mu} + \frac{l_p}{(v_e + v_\mu)} \qquad (30)$$

Où l_p est le produit de la longueur l et le sinus de l'angle α formé par la direction de désintégration du muon en électron, et la l'axe perpendiculaire à la direction de déplacement du muon vers la Terre. De ce fait, on a :

$$t_\mu = t_{0\mu} + \frac{l \sin\alpha}{(v_e + v_\mu)} \qquad (31)$$

Ici la longueur l du dernier parcours de l'électron dans la sphère muonique est trop petite (moins de 10^{-15} m), et les vitesses v_e et v_μ sont proches à celle de la lumière ; donc le deuxième terme du deuxième membre de cette équation, est négligeable devant le premier. Par conséquent, la durée de vie t_μ d'un muon dont la direction de désintégration en électron, est obliquement opposée à celle de son déplacement vers la surface terrestre, est pratiquement égale à sa durée de vie $t_{0\mu}$ au repos ($2.2 \cdot 10^{-6}$ s) ; ainsi :

$$t_\mu = t_{0\mu} \qquad (32)$$

Maintenant étudions le cas où la désintégration du muon en électron, est suivant la direction oblique du sens de déplacement du muon en direction la surface terrestre (figures 6h et 6 j) :

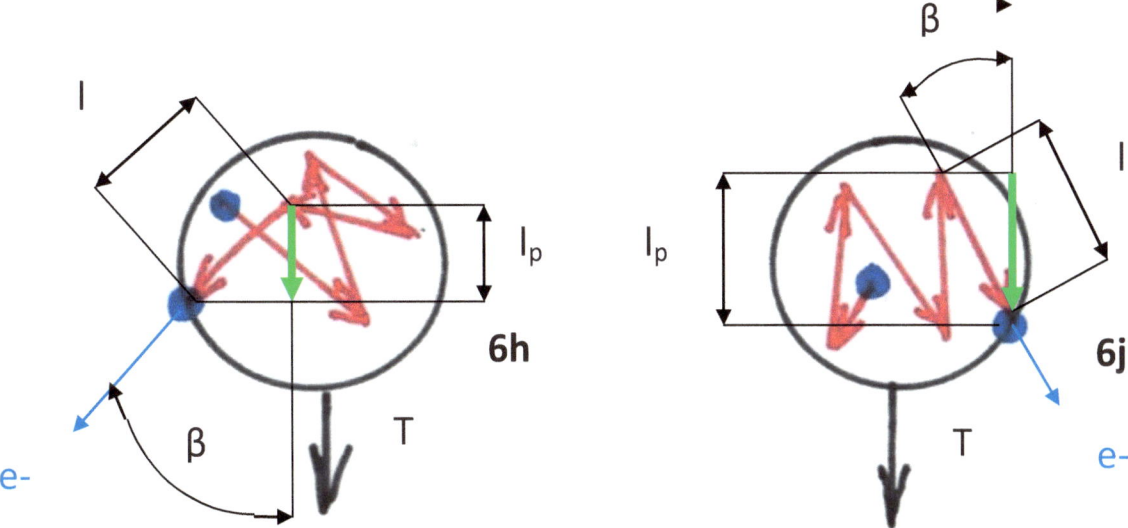

Fig.11. Reproduction des figures 6h et 6j

Au sujet des cas représentés par les figures 6h et 6j, où la direction de désintégration du muon en électron, est oblique vers le sens de déplacement du muon vers la surface terrestre ; la durée de vie de ce muon est en est fait donnée par la formule 22, dans laquelle on remplace la longueur l par sa projection l_p (flèches vertes); ainsi :

$$t_\mu = t_{0\mu} + \frac{l_p}{(v_e - v_\mu)} \qquad (33)$$

Où l_p est le produit de la longueur l et le cosinus de l'angle β formé par la ligne de direction de désintégration du muon en électron, et celle de direction de déplacement du muon vers la Terre. C'est à dire :

$$t_\mu = t_{0\mu} + \frac{l\cos\beta}{(v_e - v_\mu)} \qquad (34)$$

Mais pour les cas représentés par les figures 6c et 6d, où la direction de désintégration du muon en électron, est perpendiculaire à la direction de déplacement du muon vers la Terre ; l'angle β est égal à 90°, d'où le cosinus 90° est égal à zéro. Par conséquent l'application de la formule 34, pour ce cas, donne la durée de vie de ce muon, qui est égale à celle lorsqu'il est au repos. C'est-à-dire :

$$t_\mu = t_{0\mu} \qquad (35)$$

En conclusion, la durée maximale de vie du muon en déplacement vers la surface de notre planète, est donnée par la formule 22 de ce chapitre.

De cette étude que j'ai faite, je déduis donc que l'augmentation de la durée de vie du muon lorsqu'il est en déplacement à partir de la haute atmosphère de Terre à sa surface, est due à la légère différence entre la vitesse de l'électron et celle du muon.

La vitesse de l'électron est pratiquement égale à celle du muon qui est un électron lourd, et cela est suite à ses propriétés physiques. Mais d'après cette étude, la vitesse de l'électron est légèrement supérieure à celle du muon.

Pour le moment (30 avril 2020) on ne connait pas la valeur de la longueur l du dernier parcours de l'électron dans la sphère muonique ; mais si l'on suppose qu'elle est égale à un fermi (10^{-15} m), par application de la formule 22 qui donne la vitesse maximale de déplacement du muon vers la Terre ; pour $t_{0\mu}$=2.2µs et t_μ=22µs, on obtient une différence de vitesses (v_e-v_μ) qui est égale à 5.10^{-11} m/s . Cette valeur est en effet trop petite devant v_e et v_μ , qui sont très proches à la célérité c de la lumière.

7. Décalage d'horloges dans la relativité

La mauvaise transmission de la relativité restreinte, a laissé certains gens penser que les horloges se décalent réellement lorsqu'elles sont en mouvement rectiligne uniforme. Et pourtant toute horloge est synchronisée avec la vitesse de rotation de la Terre autour d'elle-même, qui est notre référence de temps :

Un jour solaire moyen est égal à 24 heures, et il correspond à deux tours de l'aiguille de l'horloge classique. En conséquence, il est absurde de dire qu'une horloge se décale réellement lorsqu'elle se déplace à une certaine vitesse.

La mauvaise transmission de cette branche de la physique, avait poussé des scientifiques à vérifier cette relativité restreinte par des horloges atomiques utilisant des rayonnements électromagnétiques pour leur fonctionnement ; par exemple l'horloge atomique à jet de césium. Vu les postulats de la relativité restreinte et la réalité, la vitesse de la lumière est indépendante de celle de sa source ; par conséquent, les temps donnés par ces horloges atomiques lorsqu'elles sont en déplacement, sont automatiquement différents de ceux donnés par elles, lorsqu'elles sont au repos. En effet, la relativité restreinte est trop simple et ne nécessite pas de vérifications pratiques.

Dans la relativité, on voit qu'il existe deux types de décalage d'horloges :

-Le premier type de décalage d'horloges, néglige les distances entre les horloges et les yeux des observateurs.

-Le deuxième type de décalage d'horloges, tient compte des distances entre les horloges et les yeux des observateurs.

7.1. Premier type de décalage d'horloges dans la relativité

Prenons deux hélicoptères A et B, qui sont dans les mêmes directions dans le ciel, et distants d'une longueur l ; ce qui correspond à un référentiel R au repos.

Dans le même système, prenons deux autres hélicoptères C et D, se déplaçant en directions opposées à une vitesse V constante dans tous les référentiels, parallèlement à la ligne séparant A et B ; et leurs pilotes ont des horloges H_C et H_D, pour mesurer le temps. Représentons cela par le schéma suivant :

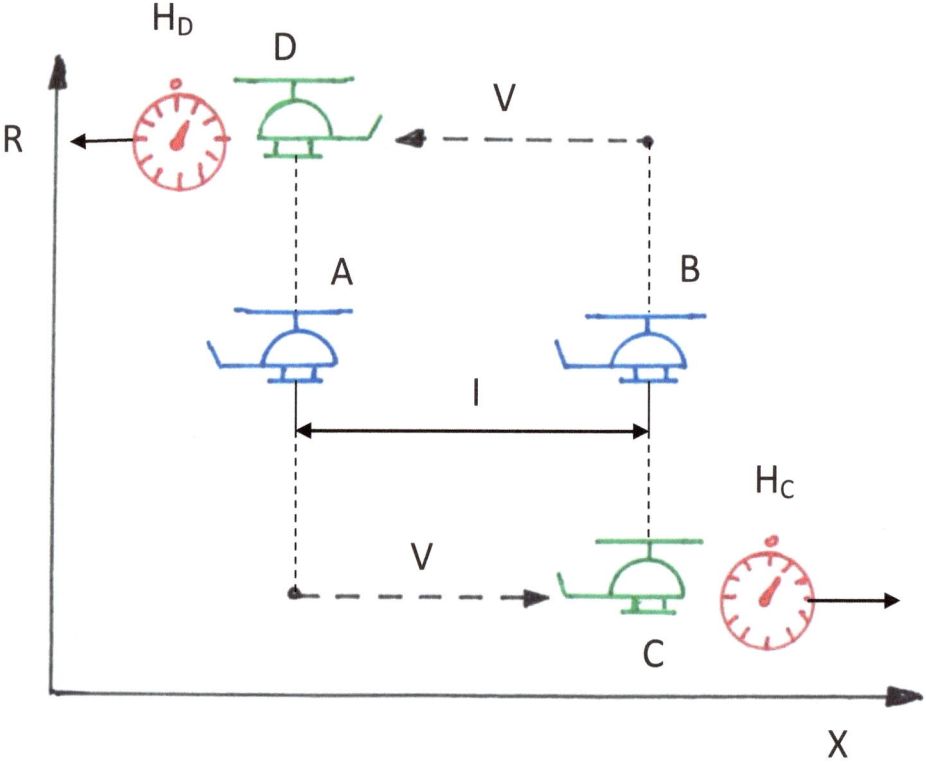

Fig.1.Premier type de décalage d'horloges dans un référentiel au repos

Quand les deux hélicoptères C et D, se déplacent simultanément ; C du côté de A vers B, et D du côté de B vers A ; on voit que lorsque l'hélicoptère C arrive du côté de B, l'horloge H_C indique un temps t_C ; et pour l'hélicoptère D, l'horloge H_D indique un temps t_D, au moment où elle arrive du côté de A.

Ici le temps t_C donné par l'horloge H_C du pilote de l'hélicoptère C, est égal à :

$$t_C = \frac{l}{V} \qquad (1)$$

Et le temps t_D donné par l'horloge H_D du pilote de l'hélicoptère D, est égal aussi à :

$$t_D = \frac{l}{V} \qquad (2)$$

Donc, pour le premier type de décalage d'horloges, dans un référentiel au repos, les horloges donnent les mêmes valeurs de temps.

Par exemple
Si la distance l entre les hélicoptères A et B est égale à 120 Km, et la vitesse V des hélicoptères C et D est de 120km/h ; les horloges H_C et H_D des pilotes des hélicoptères C et D, indiquent le même temps qui est 1h ; ainsi :

$$t_D = t_C = \frac{l}{V} = \frac{120}{120} = 1h$$

Considérons maintenant le cas où les hélicoptères A et B, se déplacent dans la même direction avec une vitesse v ; ce qui correspondant à un référentiel R' en mouvement rectiligne uniforme. Et la distance séparant ces deux hélicoptères est l.

Dans ce système de coordonnées, prenons deux autres hélicoptères C et D, se déplaçant en directions opposées, à une vitesse V constante dans tous les référentiels, parallèlement à la ligne séparant A et B ; et leurs pilotes ont des horloges H_C et H_D, pour mesurer le temps. Représentons cela par le schéma suivant :

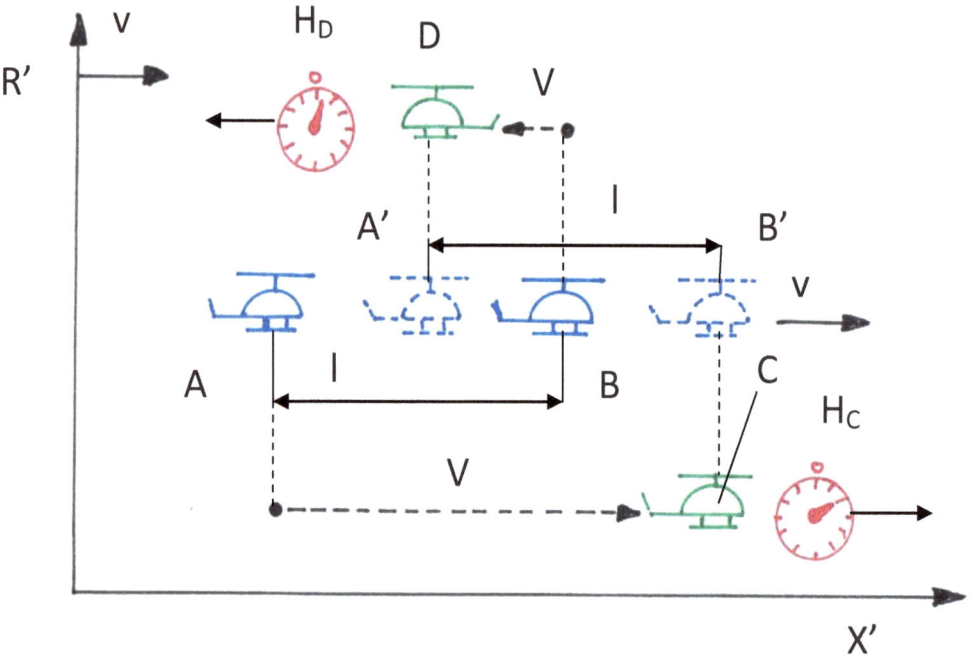

Fig.2. Premier type de décalage d'horloges dans un référentiel en mouvement

Quand les deux hélicoptères se déplacent simultanément ; C du côté de A vers B, et D du côté de B vers A ; on voit que lorsque l'hélicoptère C arrive à la position B' qui est celle de l'hélicoptère B déplacée, l'horloge H_C indique un temps t_C' ; et pour l'hélicoptère D, l'horloge H_D indique un temps t_D', au moment où elle arrive du côté de la position A' qui est celle de l'hélicoptère A déplacée.

Ici le temps t_C' donné par l'horloge H_C du pilote de l'hélicoptère C, est égal à :

$$t_C' = \frac{l}{V - v} \qquad (3)$$

Et le temps t_D' donné par l'horloge H_D du pilote de l'hélicoptère D, est égal à :

$$t_D' = \frac{l}{V + v} \qquad (4)$$

En conséquence, pour le premier type de décalage d'horloges, on constate que dans un référentiel R' en mouvement (déplacement des hélicoptères A et B en mouvement rectiligne uniforme), l'horloge H_C est en avance par rapport à H_D ; et l'horloge H_D est en retard par rapport à H_C.

Par exemple :
Si la vitesse v des hélicoptères A et B, est de 60 km/h ; la vitesse V de C et D, est de 120km/h ; et la distance l entre les hélicoptères A et B, est de 120 km :
L'horloge H_C du pilote de l'hélicoptère C, indique un temps qui est égal à :

$$t'_C = \frac{l}{V-v} = \frac{120}{120-60} = 2h$$

Alors que l'horloge H_D du pilote de l'hélicoptère D, indique un temps qui est égal à :

$$t'_D = \frac{l}{V+v} = \frac{120}{120+60} = 0,\bar{6}\,h = 40\,mn$$

C'est-à-dire l'hélicoptère C a mis 2h de temps pour se déplacer de A à B ; alors que l'hélicoptère D a mis seulement 40mn pour aller de B à A.

7.2. Deuxième type de décalage d'horloges dans la relativité

Considérons une horloge H_0 fixée à un référentiel R au repos, avec un observateur A. La distance séparant les yeux de cet observateur, et cette horloge est l.
Représentons cela par le schéma suivant :

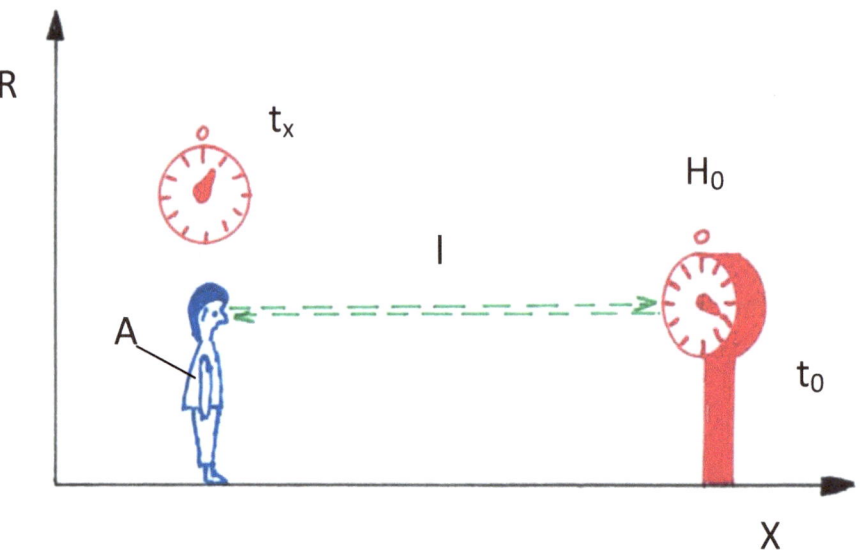

Fig.3. Deuxième type de décalage d'horloges dans un référentiel au repos

Sur cette figure on voit que lorsque l'aiguille de l'horloge H_0 indique un temps t_0 qu'on appelle « temps propre » de l'horloge H_0 ; le temps pris par la lumière à partir de l'horloge H_0 jusqu'aux yeux de l'observateur A, est de t_l qui est égal au rapport de la longueur l et la vitesse c de la lumière ; ainsi :

$$t_l = \frac{l}{c} \qquad (5)$$

Par conséquent, le temps t_x lu par l'observateur sur l'horloge H_0 lorsque son aiguille se déplace à t_0, est égal à :

$$t_x = t_0 - t_l \qquad (6)$$

De cette égalité et de l'équation 5, on obtient :

$$t_x = t_0 - \frac{l}{c} \qquad (7)$$

On voit donc, que dans un système au repos, le temps observé dans une horloge, diminue avec l'augmentation de la distance séparant l'horloge et les yeux de l'observateur. Dans « le langage relativiste » le temps observé s'appelle aussi « temps mesuré ».

Exemple :
1-Dans une chambre ; si je suis devant une horloge à 1m d'elle, et mon ami est à 3 m d'elle ; nous ne voyons pas les même temps sur cette horloge :
Si l'aiguille de cette horloge est à 10heure ; aux mêmes temps propres, moi j'observe 10h-(1/c)s , et mon ami voit que cette horloge lui indique un temps moindre, qui est de 10h-(3/c)s. Et dans « le langage relativiste » je dis que mon ami est plus jeune que moi de $2mc^{-1}$ secondes ($6,66.10^{-9}$s).

2- Supposons que dans notre univers visible, il y a une exoplanète qui est située à 65 000 000 années de lumière de nous, où habitent des extraterrestres très développés, qui possèdent des moyens permettant d'observer la surface de notre planète avec précision et détail.
Aux mêmes temps propres (sur Terre et sur l'exoplanète) soit zéro heure; le temps observé sur la Terre par les extraterrestres est de -26 000 000 ans. Et dans ce cas, ils ne vont pas nous voir, mais ils vont observer les dinosaures. C'est-à-dire ils ne vont pas voir notre temps, mais ils vont voir le temps des dinosaures.

8. Espace-temps

En relativité, on entend parler du voyage dans le passé et dans le futur. Certaines gens n'en comprennent rien ; et d'autres croient qu'en voyageant dans le temps, il est possible de voir et vivre avec des ancêtres morts depuis longtemps, et aussi avec des générations futures qui ne sont pas encore nées. Et cela est une absurdité qui est due à la mauvaise transmission de la relativité.

Prenons un hélicoptère démarrant d'une ville A_1 et allant vers une ville B_{11}, en passant par les villes A_2 , A_3 , A_4 , A_5 , A_6 , A_7 , A_8 , A_9 et A_{10} , d'une région géographique G où il y a un observateur B qui est à la ville A_6 . Chaque point de la trajectoire faite par l'hélicoptère de A_1 à A_{11}, est positionné dans l'espace par les coordonnées cartésiennes tridimensionnelles x y z.

Si on prend chaque arrivée au centre d'une ville est un point, respectivement on aura : P_1, P_2, P_3, P_4, P_4, P_5, P_6, P_7, P_8, P_9, P_{10} et P_{11}.
Représentons cela en vue de face et en vue de dessus :

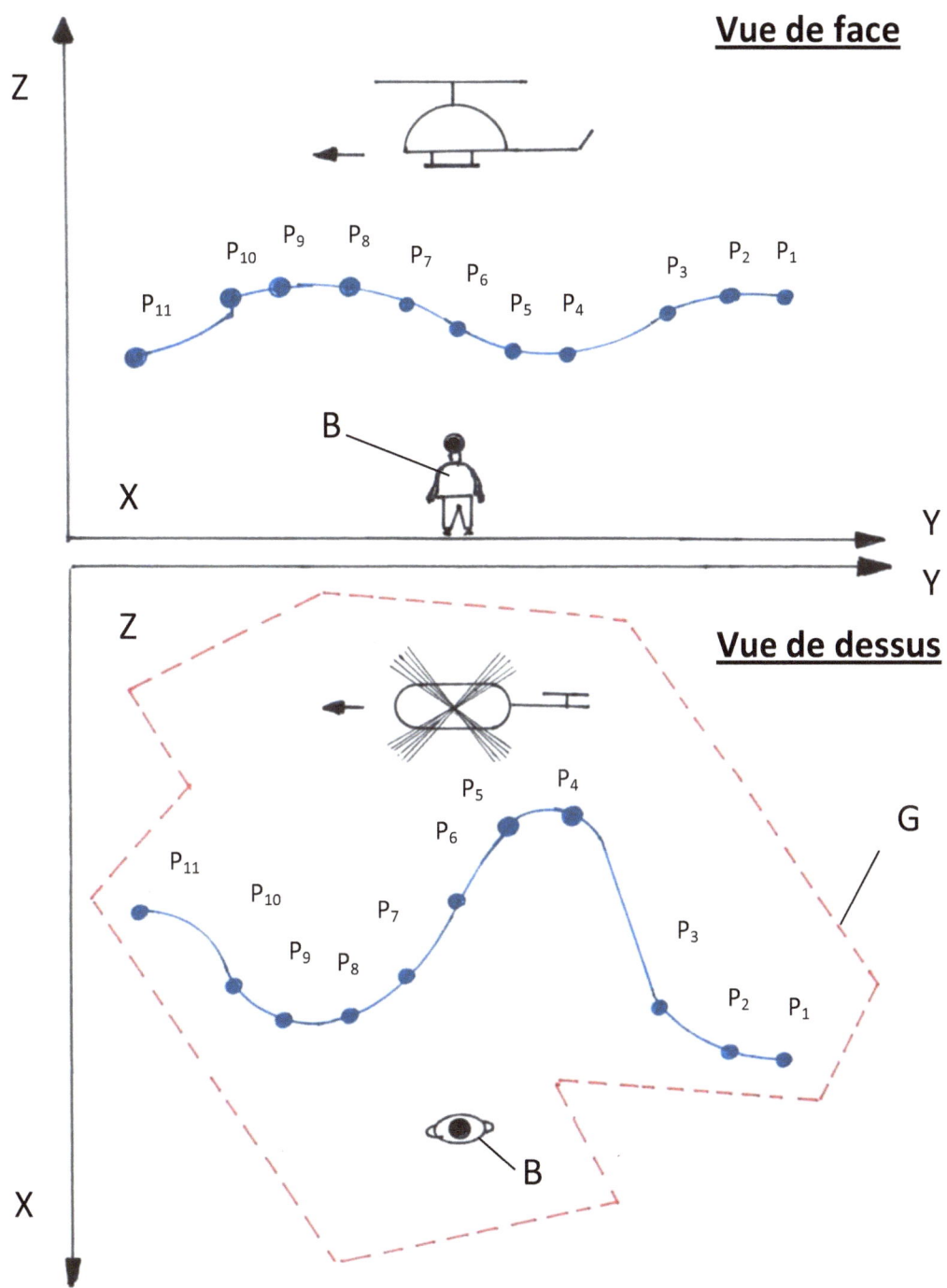

Fig.1. Représentation du trajet de l'hélicoptère considéré, dans les cordonnées cartésiennes tridimensionnelles (x y z), en vue de face et en vue de dessus.

A travers cette représentation ci-dessus, on voit que la position de chaque point P_i de l'itinéraire de l'hélicoptère de la ville A_1 à la ville A_{11}, dans le système de cordonnées cartésiennes à trois dimensions (x y z), est fonction de x, y et z. Mais cela est insuffisant pour positionner parfaitement l'hélicoptère ; car on pose les questions suivantes :

- Quel est son temps de départ du point P_1 ?
- Quels sont ses temps de passages par les points P_2, P_3, P_4,… et P_{10}, correspondant aux villes A_2, A_3, A_4,… et A_{10} ?
- Est-ce qu'il s'est arrêté en un ou plusieurs points de son itinéraire, pendant certains temps, durant sa période de déplacement de P_1 à P_{11} ?
- Quel est le temps de son arrivée au point P_{11} ?

Supposons que cet hélicoptère à pris départ du point P_1 au temps t_1. Il est passé par les points P_2, P_3 et P_4, respectivement aux temps t_2, t_3, et t_4. Il est arrivé à P_5 où il s'est arrêté dans le ciel pendant une période de Δt_5 (de t_5 à t_5'). Puis il est passé par P_6, P_7, P_8, et P_9, respectivement en t_6, t_7, t_8, et t_9. Lorsqu'il est arrivé à P_{10}, il y est arrêté pendant une période de Δt_{10} (de t_{10} à t_{10}'), en descendant un petit peu vers le bas. Et finalement, il est arrivé au point p_{11} au temps t_{11}.

Représentons ces temps-là sur la figure précédente (figure 1), nous obtiendrons le schéma suivant :

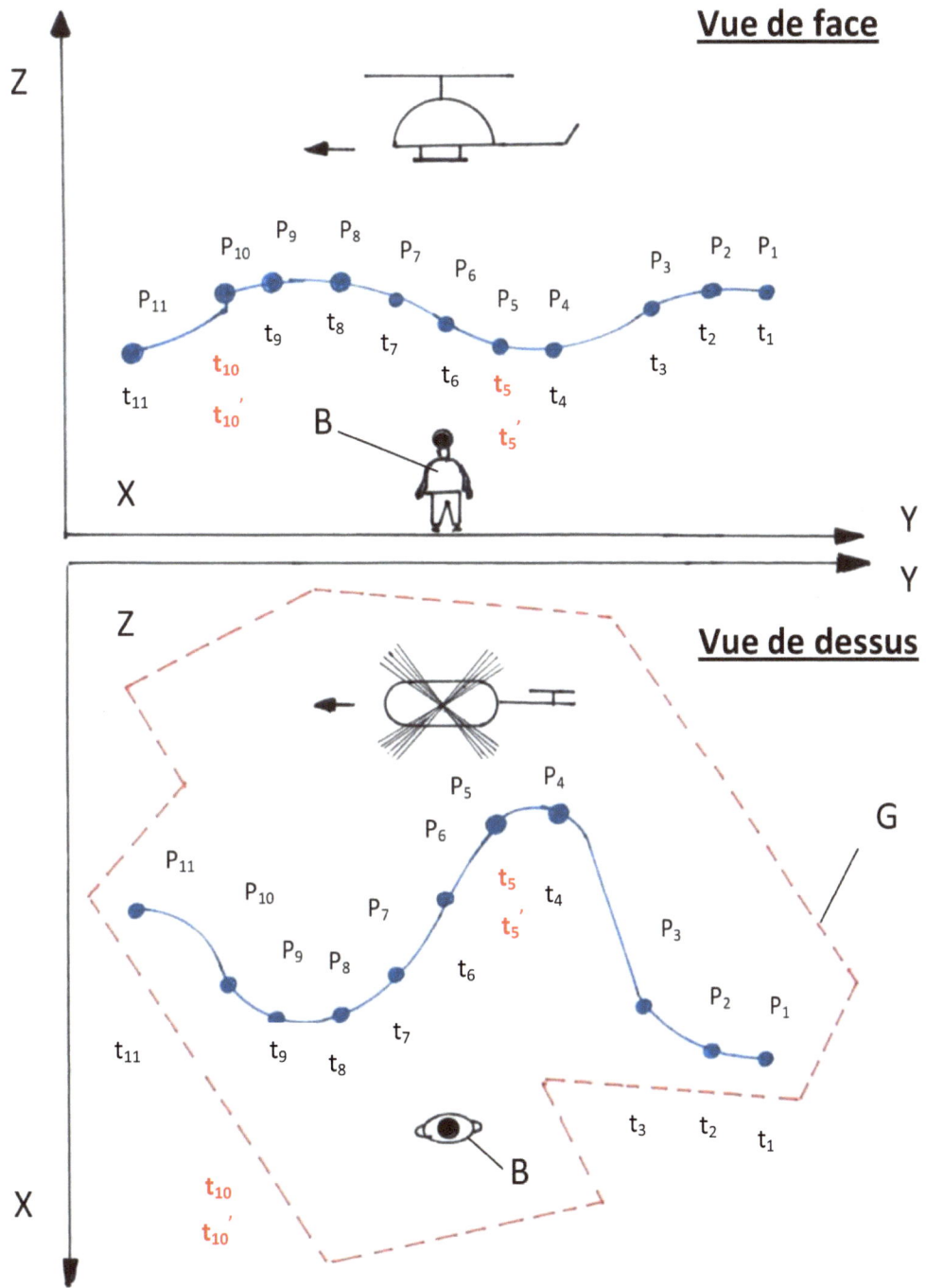

Fig.2. Représentation du temps sur le trajet de l'hélicoptère considéré, dans les cordonnées cartésiennes tridimensionnelles (x y z), en vues de face et en vue de dessus.

Alors on a obtenu la trajectoire de l'hélicoptère, qui est fonction de l'espace (x y z) et du temps t. Et dans la relativité, cette trajectoire s'appelle ligne d'univers.

Remplaçons les temps qui sont sur cette représentation (figure 2), par des valeurs numériques par exemple :

t_1=10h 00 mn ; t_2=10h 09mn ; t_3=10h 11mn ; t_4= 10h 20mn ; t_5=10h 25mn ; t_5'=10h 30mn ; t_6=10h 32mn ; t_7=10h 40mn ; t_8=10h 42mn ; t_9=10h 54mn ; t_{10}=10h 56mn ; t_{10}'=10h 57mn ; t_{11}=11h 00mn.

Nous aurons en l'occurrence la figure suivante :

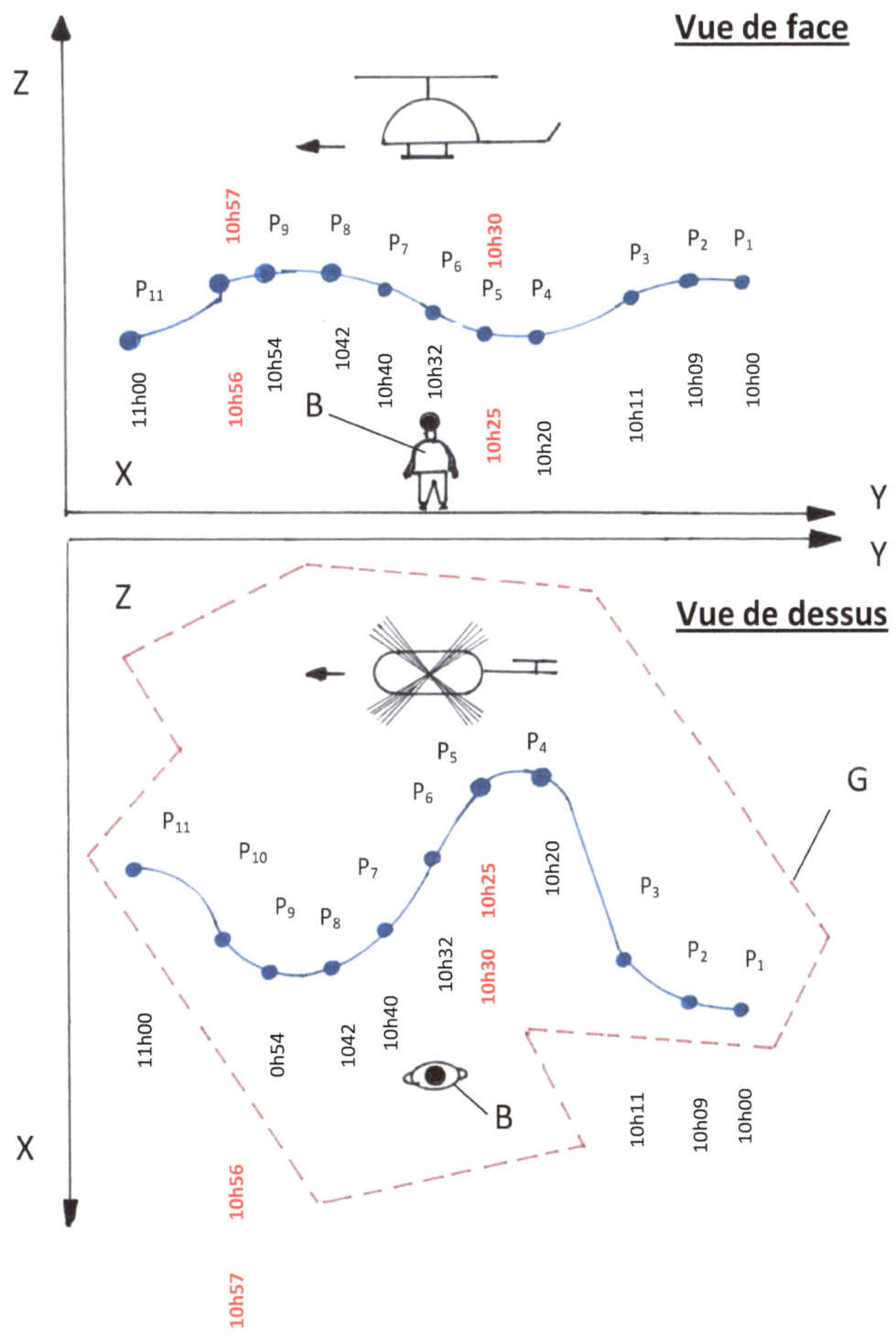

Fig.3. Représentation du temps en valeurs numériques, sur le trajet de l'hélicoptère considéré, dans les cordonnées cartésiennes tridimensionnelles (x y z), en vue de face et en vue de dessus

Sur les figures 1, 2 et 3, de ce chapitre, le point P_6 est situé juste en face de l'observateur A. Et lorsque l'hélicoptère arrive à ce point à 10h32mn, cet observateur peut prendre ce temps-là comme référence, égal à zéro. Alors pour chaque temps indiqué sur la figure 3, on doit soustraire une valeur de 10h32mn ; ainsi :

P_1= 10h00-10h32=-32mn
P_2= 10h09-10h32=-23mn
P_3= 10h11-10h32=-21mn
P_4= 10h20-10h32=-12mn
P_5= 10h25-10h32=-07mn
P_5'= 10h30-10h32=-02mn
P_6= 10h32-10h32= 00mn
P_7= 10h40-10h32=+08mn
P_8= 10h42-10h32=+10mn
P_9= 10h54-10h32=+22mn
P_{10}=10h56-10h32=+24mn
P_{10}'=10h57-10h32=+25mn
P_{11}=11h00-10h32=+28mn

Remplaçons ces résultants par les temps qui leur correspondent dans la figure précédente (figure 3), nous obtiendrons la figure suivante :

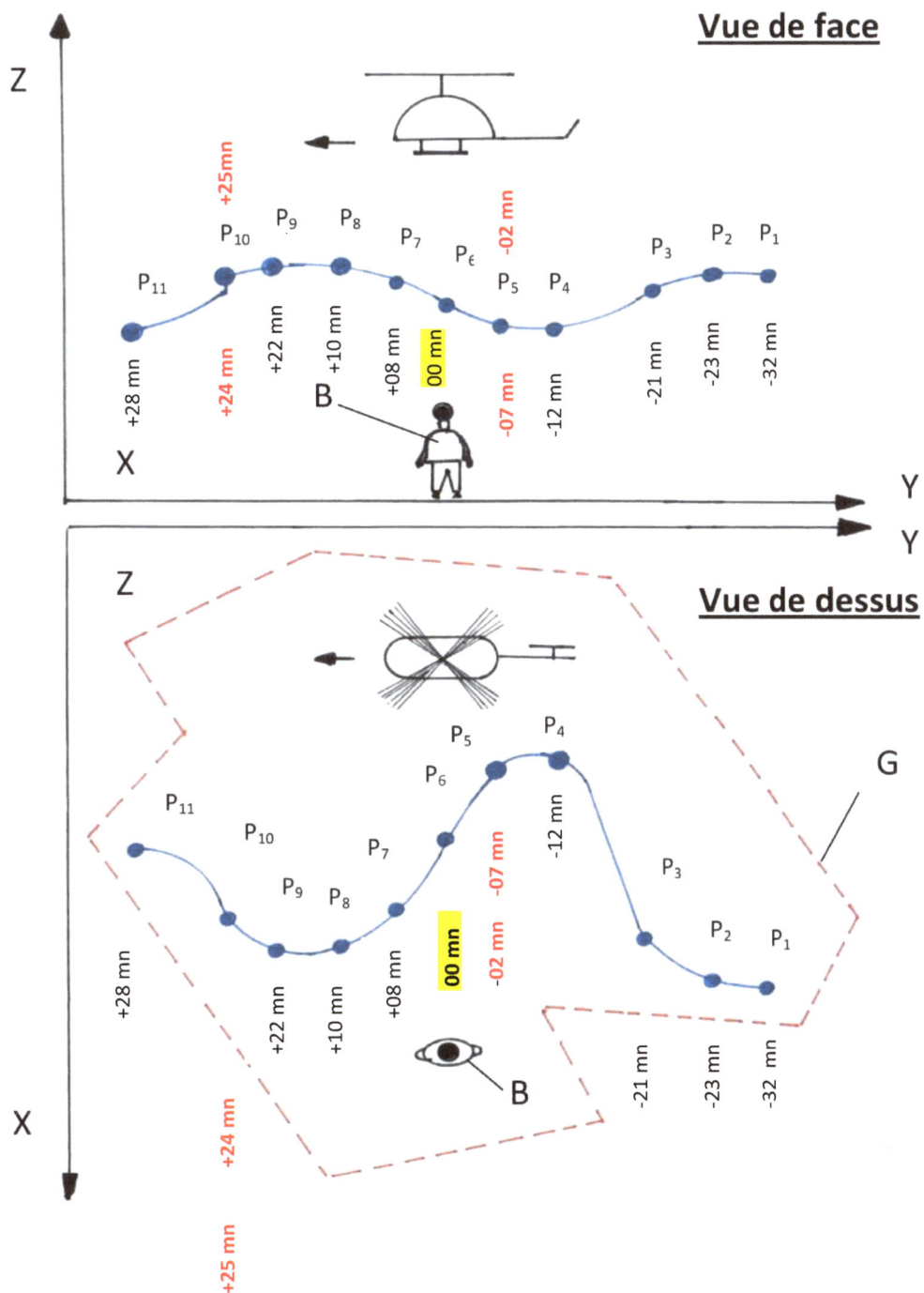

Fig.4. Représentation du passé et du futur, sur le trajet de l'hélicoptère considéré, dans les cordonnées cartésiennes tridimensionnelles (x y z), en vue de face et en vue de dessus

En effet, on résume que pour positionner un objet qui est en mouvement ou au repos, dans l'espace, il faut trois dimensions de l'espace (x y z), et le temps (t) qui est la quatrième dimension. Ces quatre dimensions forment ce qu'on appelle « espace-temps) ; ainsi :

Espace + temps= Espace-temps

Représentons cela par le schéma suivant :

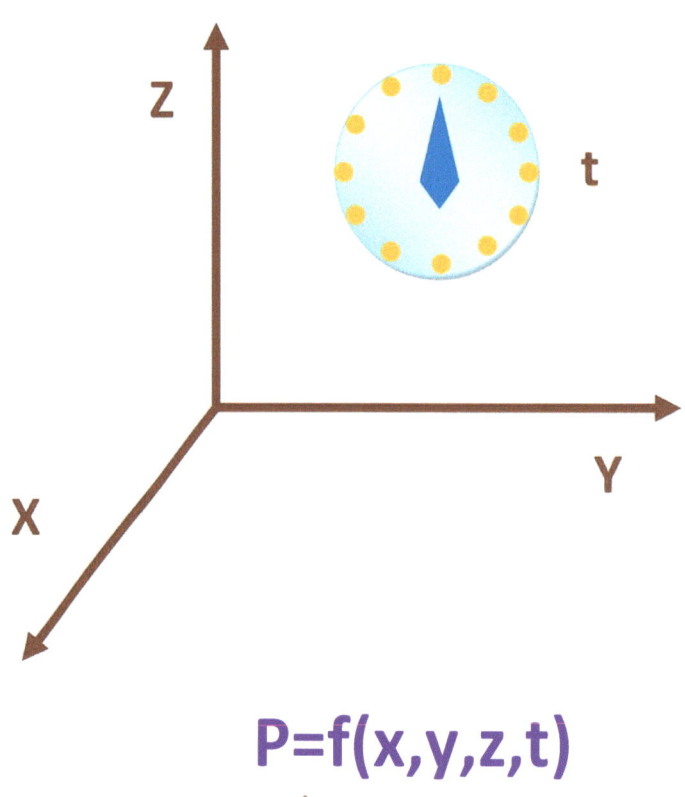

Fig.5. Représentation de l'espace et le temps, en espace-temps

La figure 4 montre que pour l'observateur B dont le point P_6 est en face de lui, le voyage du pilote de l'hélicoptère, à partir de P_1 à P_6, se produisit dans le passé, et du point P_6 à P_{11}, se réalisera dans le futur.

Représentons l'espace-temps dans le passé et le futur, par le schéma suivant :

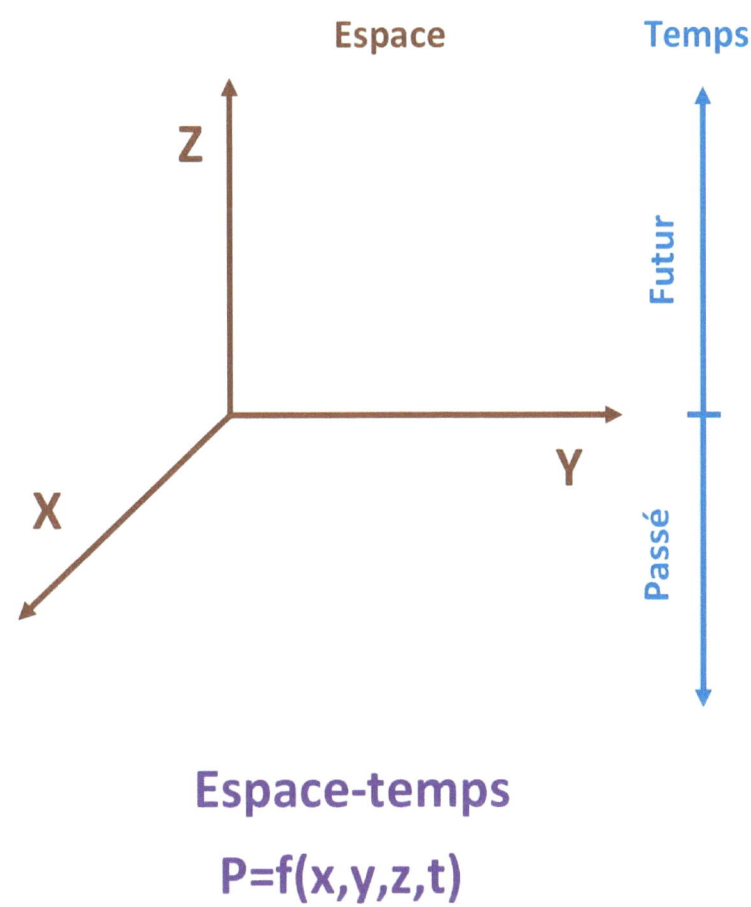

Fig.6. Représentation de l'espace-temps tétradimensionnel avec passé et futur

Cette figure représente un espace-temps tétradimensionnel, qu'on ne peut pas dessiner en perspective cavalière ou isométrique. Et **c'est le cas général dans la relativité**. Il est applicable pour toutes les lignes [surfaces et volumes] d'univers et en particulier pour celles qui dépendent de trois dimensions de l'espace, et de la dimension du temps ; par exemple le cas de l'hélicoptère, représenté par les figures 2,3 et 4, de ce chapitre.

Néanmoins, on peut représenter aussi certaines lignes [surfaces et volumes] d'univers par un espace-temps bidimensionnel, et un espace-temps tridimensionnel.

L'espace-temps bidimensionnel est pour les lignes [surfaces et volumes] d'univers dépendantes uniquement d'une seule cordonnée de l'espace, et de la cordonnée du temps. C'est-à-dire :

P=f(x, t) ; P=f(y, t) ; P=f(z, t).

L'espace-temps tridimensionnel est pour les lignes [surfaces et volumes] d'univers dépendantes de deux cordonnées de l'espace, et de la cordonnée du temps. C'est-à-dire :

P=f(x, y, t) ; P=f(x, z, t) ; P=f(y, z, t).

L'espace-temps bidimensionnel est représenté par une cordonnée d'espace et une autre de temps, quelque soit ses cordonnées d'espace, (P=f(x, t) ; P=f(y, t) ; P=f(z, t)):

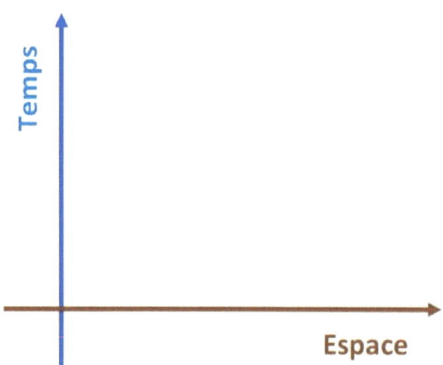

P=f(x, t) ; P=f (y, t) ; P=f (z, t)

Fig.7. Espace-temps bidimensionnel

L'espace-temps tridimensionnel est représenté par deux cordonnées d'espace et une autre de temps, quelque soit ses cordonnées d'espace, (P=f(x, y, t) ; P=f(x, z, t) ; P=f (y, z, t)) :

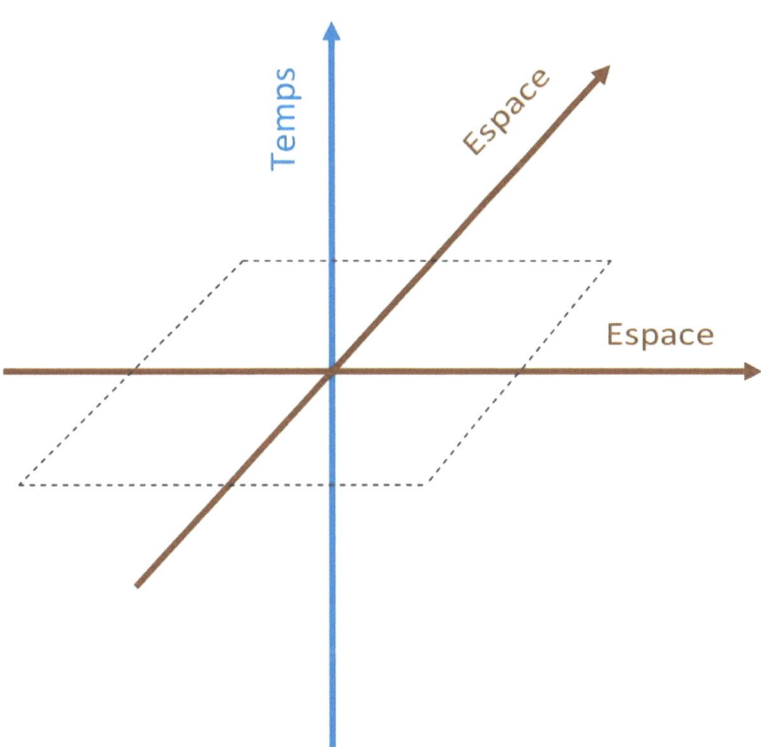

P=f(x, y, t) ; P=f(x, z, t) ; P=f (y, z, t)

Fig.8. Espace-temps tridimensionnel

La représentation des lignes d'univers, et aussi des surfaces et des volumes d'univers, par les cordonnées cartésiennes et la coordonnée du temps, s'appelle **diagramme espace-temps**.

Le diagramme espace-temps peut être bidimensionnel, tridimensionnel, ou tétradimensionnel.

Le diagramme espace-temps bidimensionnel est pour la représentation des lignes [surfaces et volumes] d'univers d'un objet au repos ou en mouvement (rectiligne, vibrationnel, etc.) parallèlement à la cordonnée de l'espace.

Prenons le cas d'une voiture se déplaçant sur une ligne droite parallèle à la coordonnée de l'espace :

Supposons que cette voiture s'est déplacée sur son chemin du point P_1 au point P_2 avec une vitesse constante v_1. Elle a fait un ralentissement du point P_2 au point P_3 ; puis elle a continué à se déplacer avec la même vitesse v_1 jusqu'au point P_4 où elle s'est arrêtée pendant un intervalle de temps (négligeant le ralentissement du freinage). Puis elle a repris son chemin du point P_4 au point P_5 avec une vitesse v_2 supérieure à v_1. D'un seul coup cette voiture a fait demi-tour à partir du point P_5 (négligeant le temps et l'espace de ce demi-tour) et elle est revenue à son point initial P_1 avec une vitesse v_3 supérieure à la vitesse v_2. Le diagramme espace-temps pour le déplacement de cette voiture est :

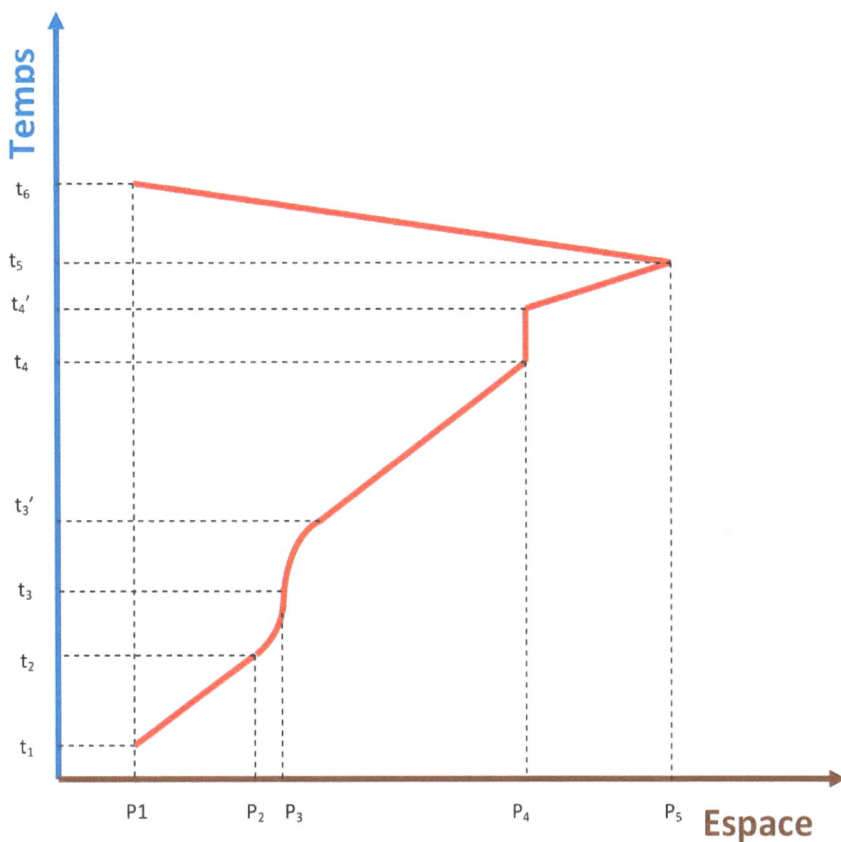

Fig.9. Diagramme espace-temps bidimensionnel pour la voiture considérée

Sur ce diagramme, on voit la ligne d'univers (couleur rouge) pour le déplacement de la voiture considérée. Sur ce diagramme, on observe un temps de départ t_1 du point p_1; un temps t_2 correspondant à P_2 à partir duquel la voiture commence à ralentir ; un temps t_3 correspondant au point P_3 à partir duquel la voiture commence à s'accélérée ; un temps t_3' à partir duquel la voiture reprend son déplacement avec sa vitesse initiale v_1 vers la direction du point P_4. Le temps t_4 est le début de l'arrêt de la voiture au point P_4, et t_4' est son temps de départ de ce point vers le point P_5. Le temps t_5 est celui de l'arrivée de la voiture au point P_5, et aussi le temps de son retour de ce point pour aller à son point initial P_1 de son départ. Le temps t_6 est celui de l'arrivée de la voiture à son premier point P_1 de départ, après son voyage.

En ce qui concerne le diagramme espace-temps tridimensionnel, l'exemple le plus connu est celui du cône de lumière.

Prenons un espace à deux coordonnées, situées sur une surface plane : x y , x z ou y z, au centre de laquelle il y a une source de lumière.

Sur cette surface plane, la propagation de la lumière en fonction du temps, peut être représentée par des cercles à des intervalles de temps égaux, conformément au schéma suivant :

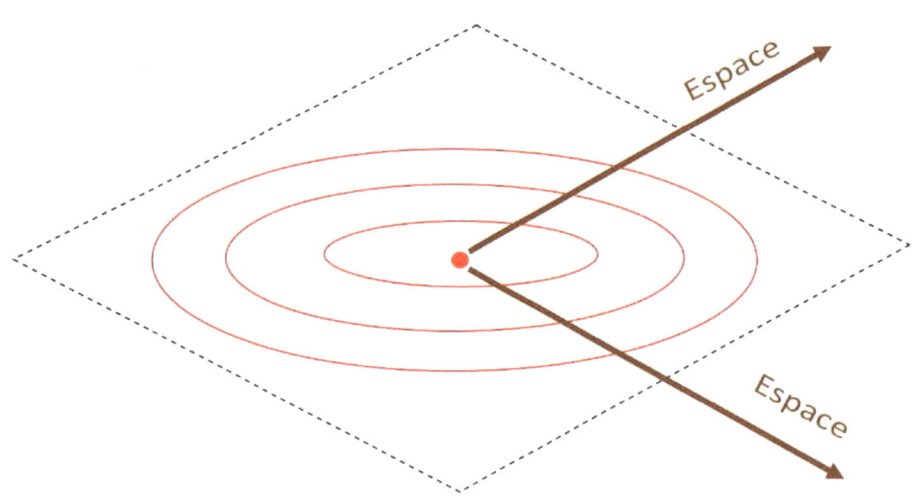

Fig.10. Représentation de la propagation de la lumière sur une surface plane

La source lumineuse prise en considération, produisait de la lumière depuis longtemps. Si à un certain moment un observateur viendra pour étudier le phénomène ; lorsqu'il prend le centre de la source lumineuse comme point zéro de départ de la lumière à un temps initial d'observation t_0 qui est égal à zéro, les rayons (r_{-i}) des cercles de propagation de lumière, qui étaient dans le passé de cet observateur, sont directement proportionnels aux temps passés ($-t_i$) en valeurs absolues ; c'est-à-dire :

$$r_{-i} = |-ct_i| \qquad (1)$$

Par exemple pour :

$-t_1 = -1h \rightarrow r_{-1} = 1hc$ (une heure − lumière)
$-t_2 = -2h \rightarrow r_{-2} = 2hc$ (deux heure − lumière)
$-t_3 = -3h \rightarrow r_{-3} = 3hc$ (trois heures − lumière)

Par conséquent la propagation de la lumière sur la surface plane considérée, qui s'est produite dans le temps passé avant l'arrivée de l'observateur, peut être présentée par le schéma suivant :

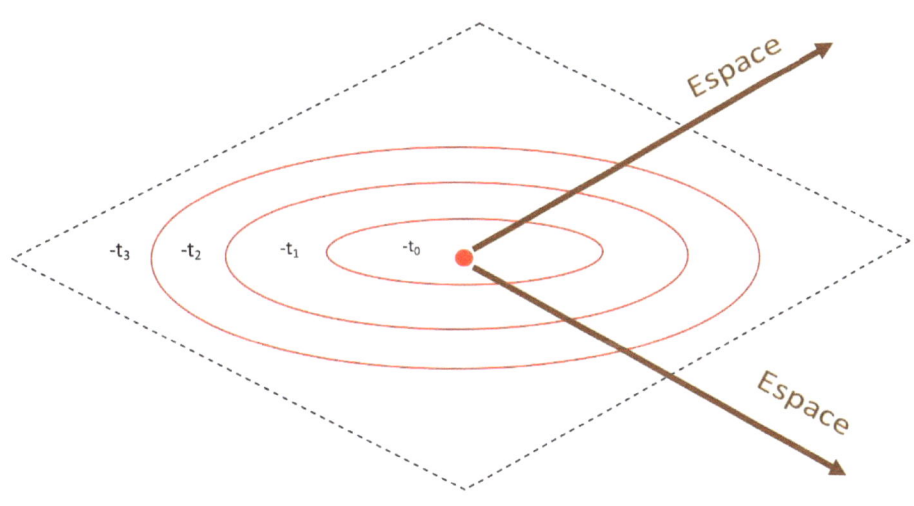

Fig.11. Propagation de la lumière sur une surface plane, dans le temps passé

Les rayons (r_{+i}) des cercles de propagation de la lumière, qui seront dans le futur de cet observateur, sont aussi directement proportionnels aux temps futurs ($+t_i$) ; c'est à dire :

$$r_{+i} = +ct_i \qquad (2)$$

Par exemple pour :

$+t_1 = +1h \rightarrow r_{+1} = 1hc$ (une heure − lumière)

$+t_2 = +2h \rightarrow r_{+2} = 2hc$ (deux heures − lumière)

$+t_3 = +3h \rightarrow r_{+3} = 3hc$ (trois heures − lumière)

En conséquence la propagation de la lumière sur la surface plane, qui se produira dans le futur de l'observateur après son arrivée, peut être aussi présentée par le schéma suivant :

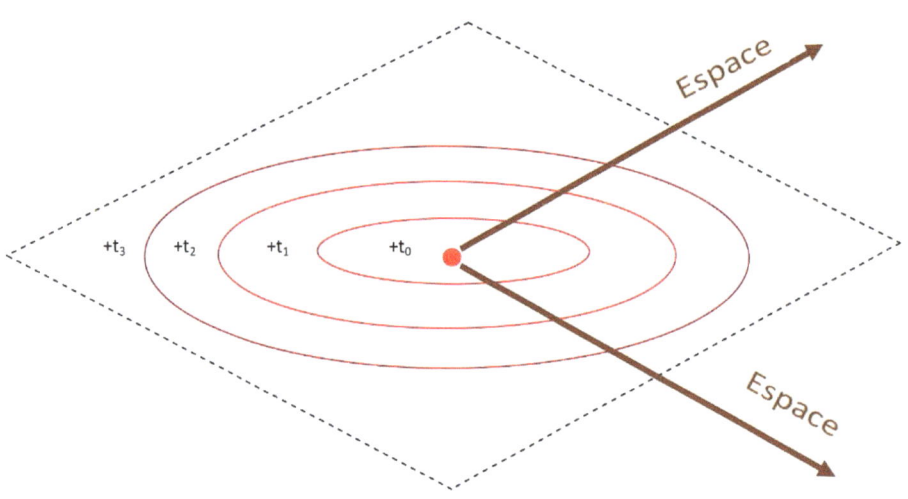

Fig.12. Propagation de la lumière sur une surface plane, dans le temps futur

Représentons maintenant le phénomène lumineux des figures 11 et 12, en espace-temps tridimensionnel. On aura deux cônes de lumière, divergents en sens opposés vers le passé et la futur ; ainsi :

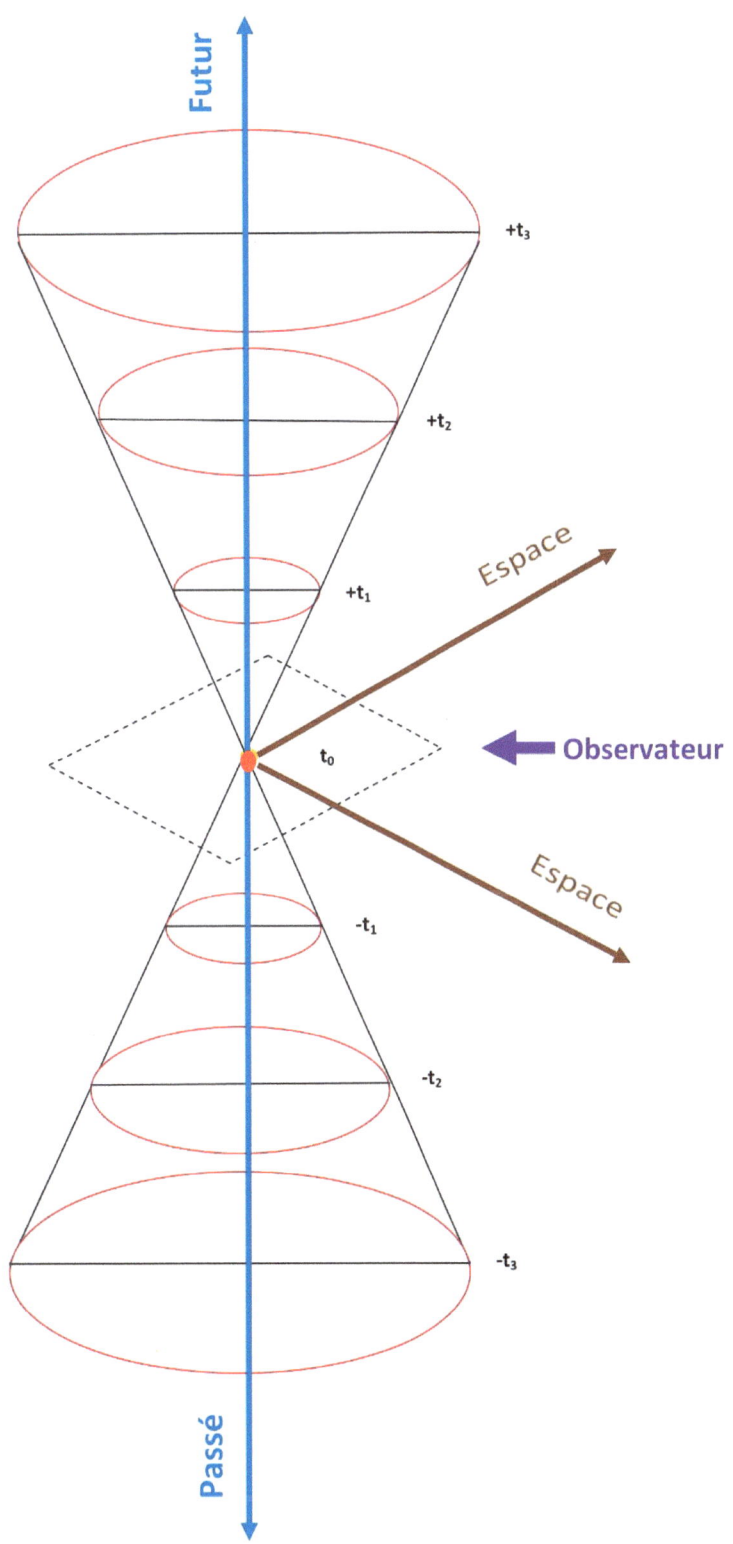

Fig.13. Cône de lumière dans l'espace-temps tridimensionnel

Au sujet de l'espace-temps tétradimensionnel (P=f(x, y, z, t) dont l'exemple est décrit par le déplacement de l'hélicoptère (figures 2, 3 et 4) ; il est impossible de le représenter en perspective cavalière ou isométrique.

9. Paradoxe des jumeaux

La mauvaise transmission de la relativité restreinte, avait laissé les gens penser que si deux jumeaux dont l'un d'eux reste sur la Terre, et l'autre voyage dans l'espace dans une fusée avec une vitesse proche à celle de la lumière pendant un certain temps ; lorsque le jumeau voyageur retourne à la Terre, au moment de son arrivée, le frère qui est resté sur Terre, voit son frère qui a voyagé, plus jeune que lui. Et le jumeau qui a voyagé, s'il se considère qu'il était immobile, et que c'est son frère restant sur Terre qui s'éloignait de lui avec la vitesse considérée qui est proche à celle de la lumière, il voit que c'est son frère restant sur Terre, qui est plus jeune que lui. Donc à la fin du voyage, chacun de ces jumeaux pense que c'est son frère qui est devenu plus jeune que lui ; ce qui avait conduit à un véritable paradoxe. Et ce qui est inquiet, c'est que jusqu'aujourd'hui (30 avril 2020) il y a beaucoup de gens qui pensent qu'à une vitesse proche à celle de la lumière, le vieillissement des cellules diminue, les horloges ralentissent, le cerveau fonctionne au ralenti, etc.

Prenons deux jumeaux A et B.
-Le premier cas est Lorsque ces jumeaux sont sur Terre durant un temps propre t_{Po} indiqué par leurs horloges ; le diagramme espace-temps est :

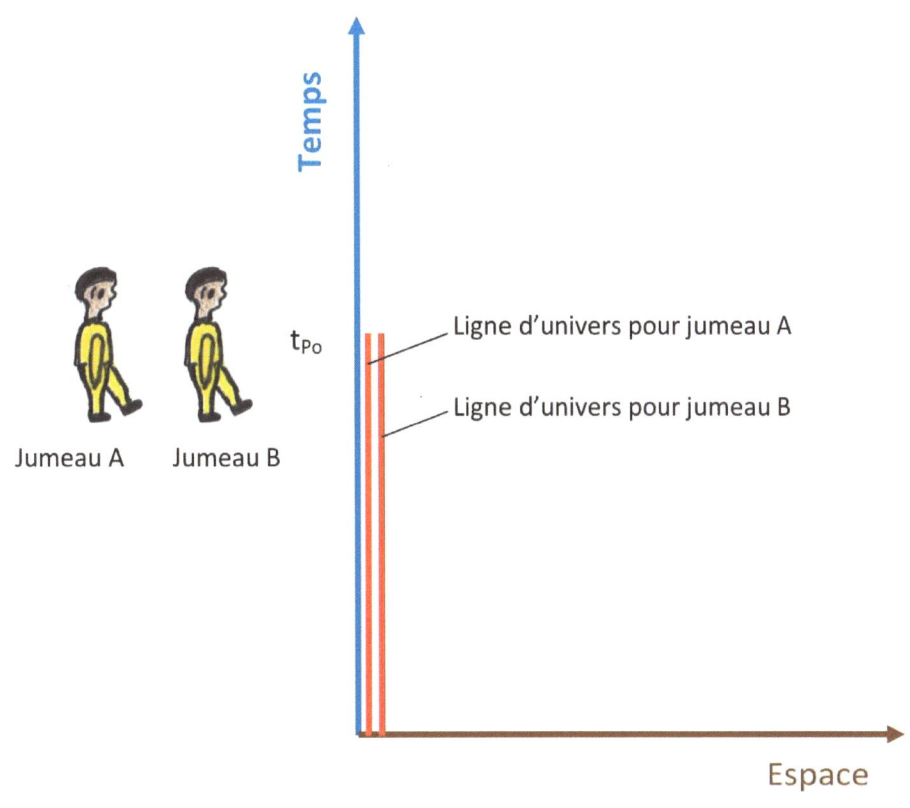

Fig.1. Diagramme espace-temps pour jumeaux A et B, sur Terre

-Le deuxième cas est lorsque le jumeau A reste sur Terre, et B voyage dans l'espace à l'intérieur d'une fusée avec une vitesse proche à celle de la lumière. Après la moitié du temps de voyage, le jumeau B retourne à la Terre à coté de son frère A. Le temps de voyage est égal au temps propre t_{po} du premier cas. Lorsqu'on suppose que durant tout le voyage, la fusée se déplace avec une vitesse constante suivant une ligne droite, et si on néglige son ralentissement et son accélération au voisinage son point de retour P_R, on peut représenter cela par un diagramme espace-temps bidimensionnel comme suit :

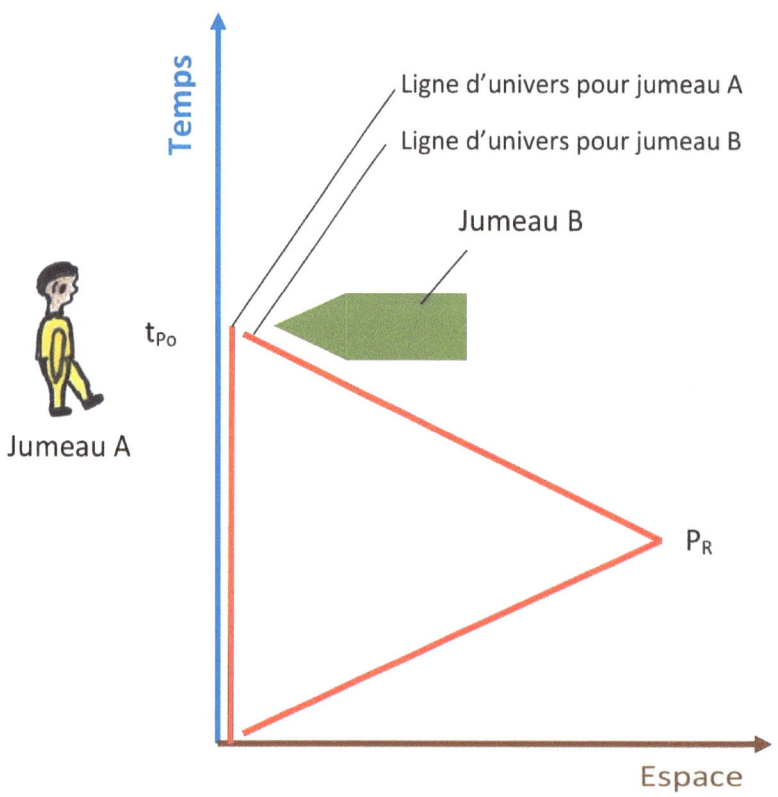

Fig.2. Diagramme espace-temps pour jumeau A sur Terre, et jumeau B en voyage

Le diagramme espace-temps du premier cas (figure1), montre que lorsque les jumeaux A et B sont sur Terre, le temps propre t_{P_0} indiqué par les aiguilles de leurs horloges, est le même pour ces deux jumeaux. Et le diagramme espace-temps du deuxième cas (figure 2), montre que si le jumeau A reste sur Terre et B part en voyage dans une fusée ; à son retour, lorsqu'il arrive à la Terre, le temps propre t_{P_0} indiqué par les aiguilles des horloges de ces jumeaux est en l'occurrence le même pour les deux ; par conséquent après le voyage, ils se rencontrent avec les même âges propres.

On note que les horloges atomiques telles que celle à jet de césium, peuvent ne pas être précises lorsqu'elles sont en déplacement ; car leurs fonctionnements sont basés en partie sur des rayonnements électromagnétiques. Les horloges atomiques en mouvement ne donnent pas des valeurs propres, mais des valeurs relativistes.

Le cas relativiste des jumeaux considérés, obéit au deuxième type de décalage des horloges, cité au paragraphe 7.2, de cet ouvrage. C'est à dire le cas où l'on tient compte de la distance séparant l'horloge et son observateur.

Par le schéma suivant, représentons les jumeaux A et B, fixés avec leurs horloges dans un référentiel R au repos ; et les distances l_A et l_B qui les séparent de leurs horloges sont différentes :

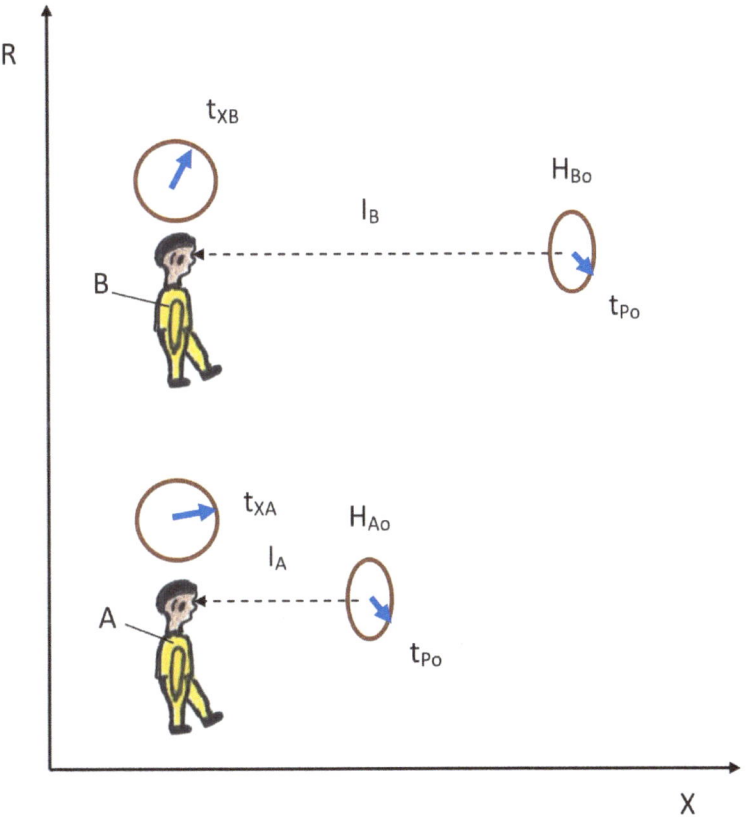

Fig.3. Les jumeaux A et B, fixés avec leurs horloges à des distances différentes, dans un référentiel R au repos

Cette figure montre que la distance l_B séparant le jumeau B de son horloge H_{Bo}, est supérieure à l_A qui est entre le jumeau A et son horloge H_{Ao}. Cela n'est qu'un exemple pour l'étude ; car ces distances peuvent être les mêmes, ou l_A supérieure à l_B.

Selon la formule 7 du chapitre 7 de cet ouvrage, les temps t_{XA} et t_{XB}, lus par les jumeaux au repos, sur leurs horloges, sont:

$$t_{XA} = t_{P_o} - \frac{l_A}{c} \qquad (1)$$

$$t_{XB} = t_{P_o} - \frac{l_B}{c} \qquad (2)$$

Et selon la formule 5 du chapitre 7 :

$$\frac{l_A}{c} = t_{0A} \qquad (3)$$

$$\frac{l_B}{c} = t_{0B} \qquad (4)$$

Par conséquent, on peut écrire aussi 1 et 2, comme suit :

$$t_{XA} = t_{P_o} - t_{0A} \qquad (5)$$

$$t_{XB} = t_{P_o} - t_{0B} \qquad (6)$$

Où t_{P_o} est le temps propre indiqué par les aiguilles des horloges H_{Ao} et H_{Bo} ; t_{0A} est le temps de parcours de la lumière à partir de l'horloge H_A jusqu'aux yeux du jumeau A au repos ; t_{0B} est le temps de parcours de la lumière, à partir de l'horloge H_B jusqu'aux yeux du jumeau B au repos ; et c est la célérité de la lumière.

Habituellement les distances (l_A ou l_B) d'observation d'horloges sont de quelques centimètres à quelques mètres. Alors les valeurs des rapports de ces Distances et la célérité de la lumière, sont négligeables devant les temps propres t_{P_o}. En conséquence, le temps lu sur une horloge est pratiquement égal au temps propre indiqué par son aiguille; ainsi :

$$t_{P_o} \gg \frac{l_A}{c} \quad (7)$$

$$t_{P_o} \gg \frac{l_B}{c} \quad (8)$$

Par exemple si la longueur entre l'horloge H_{B0} et son observateur le jumeau B est de 3 m ; avec la vitesse de la lumière qui est de 3.10^{-8} ms^{-1} on a :

$$\frac{l_B}{c} = \frac{3}{3.10^8} = 10^{-8} \text{ secondes}$$

Par conséquent :

$$t_{XA} = t_{XB} = t_{P_o} \quad (9)$$

Cette logique n'est valable que dans le cas où l'observateur et son horloge, sont fixes dans un référentiel R au repos. Mais ce n'est pas le cas pour un observateur et son horloge, qui sont fixes dans un référentiel R' qui se déplace.

Prenons maintenant le jumeau B face à son horloge H_{Bo}, et qui voyage dans l'espace dans une fusée avec une vitesse v ; ce qui correspond à un référentiel R'. La distance entre le jumeau B et son horloge, est égale à l_B ; et la direction de l'observation du jumeau B, est dans le sens de déplacement de la fusée. Représentons cela par la figure suivante :

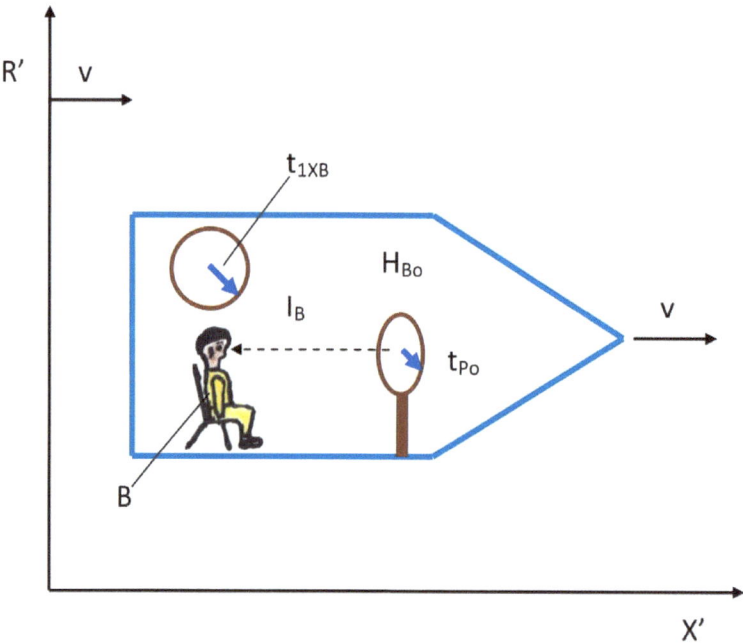

Fig.4. Direction d'observation du jumeau B, dans le sens de déplacement de la fusée

Dans ce cas, plus que la vitesse v de déplacement de la fusée augmente ; plus que le temps t_{1B} d'arrivée de la lumière provenant de l'horloge H_{Bo} aux yeux du jumeau B, est petit ; c'est-à-dire :

$$t_{1B} = \frac{l_B}{c+v} \qquad (10)$$

En se basant sur la l'équation 2 de ce chapitre, le temps t_{1XB} lu sur l'horloge H_{Bo} par le jumeau B, dans la direction de déplacement de la fusée, est égal à :

$$t_{1XB} = t_{Po} - \frac{l_B}{c+v} \qquad (11)$$

Mais si la direction de l'observation de l'horloge H_{Bo} par le jumeau B, est dans le sens inverse du mouvement de la fusée, comme il est représenté par la figure suivante :

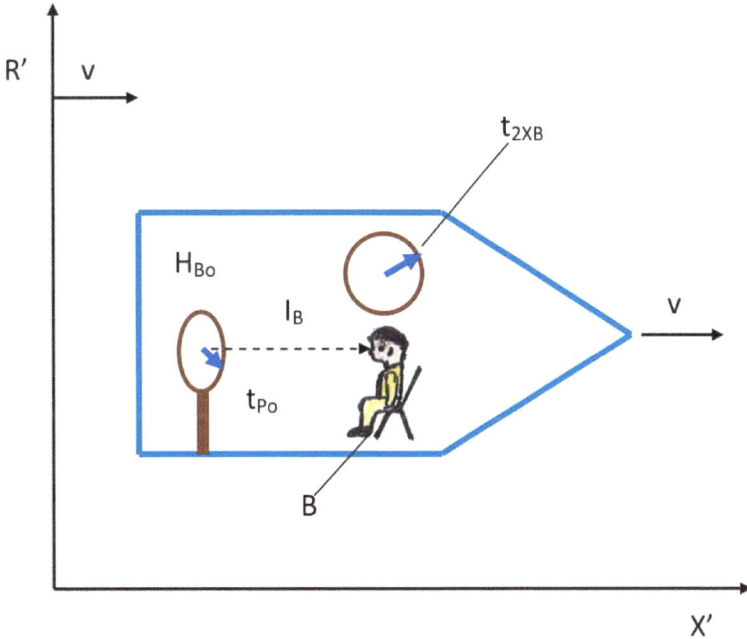

Fig.5. Direction d'observation du jumeau B, dans le sens inverse de déplacement de la fusée

Pour ce cas, plus que la vitesse v de déplacement de la fusée augmente ; plus que le temps t_{2B} d'arrivée de la lumière provenant de l'horloge H_{Bo} aux yeux du jumeau B, est grand ; c'est-à-dire :

$$t_{2B} = \frac{l_B}{c - v} \qquad (12)$$

Lorsqu'on se base sur la l'équation 2 de ce chapitre, le temps t_{2XB} lu sur l'horloge H_{Bo} par le jumeau B dans la direction opposée à celle de déplacement de la fusée, est égal à :

$$t_{2XB} = t_{Po} - \frac{l_B}{c - v} \qquad (13)$$

Cette étude nous montre que lorsque le jumeau B en voyage, observe son horloge H_{Bo} dans la direction de déplacement de la fusée, le temps t_{1XB} qu'il lise sur cette horloge, augmente avec l'accroissement de la vitesse v de la fusée (voir équation 11 de ce chapitre). En revanche, s'il observe son horloge H_{Bo} dans la direction opposée au déplacement de la fusée, le temps t_{2XB} qu'il lise sur cette horloge, diminue avec l'augmentation de la vitesse v de la fusée (voir équation 13 de ce chapitre).

La question qui se pose, c'est est-ce que le temps mesuré par le jumeau B en voyage, augmente ou diminue ?

En se basant sur les équations 5 et 6 de ce chapitre, le temps t* lu par le jumeau B en voyage, sur son horloge H_{Bo}, dans les deux directions d'observation, doit être égal à :

$$t^* = t_{P_o} - t \qquad (14)$$

Où t est le temps mis par la lumière a partir de l'horloge H_{Bo}, jusqu'aux yeux du jumeau B, dans les deux directions d'observation.

Cherchons le temps t :
Les égalités 4, 10 et 12, peuvent être écrites de la façon suivante :

$$l_B = t_{0B} c \qquad (15)$$

$$l_B = t_{1B}(c + v) \qquad (16)$$

$$l_B = t_{2B}(c - v) \qquad (17)$$

En conséquence

$$l_B = t_{0B}c = t_{1B}(c+v) = t_{2B}(c-v)$$

Le carré de l_B peut être écrit comme suit :

$$l_B^2 = l_{0B}^2 c^2 = t_{1B} t_{2B}(c+v)(c-v) \Rightarrow t_{0B}^2 c^2 = t_{1B} t_{2B}(c^2 - v^2) \Rightarrow$$

$$t_{1B} t_{2B} = \frac{t_{0B}^2 c^2}{c^2 - v^2}$$

Multiplions et divisons le deuxième membre de cette équation par $1/c^2$; nous obtenons :

$$t_{1B}t_{2B} = \frac{t_{0B}^2}{1 - \frac{v^2}{c^2}} \qquad (18)$$

Faisons le partage équitable :

$$t_{1B}t_{2B} = t^2$$

Alors, l'équation 18 sera :

$$t^2 = \frac{t_{0B}^2}{1 - \frac{v^2}{c^2}} \qquad (19)$$

Par conséquent,

$$t = \frac{t_{0B}}{\sqrt{1 - \frac{v^2}{c^2}}} \qquad (20)$$

C'est-à-dire :

$$t = \gamma t_{0B} \qquad (21)$$

Où γ est le facteur relativiste de Lorentz

A partir des équations 14 et 20, on trouve la formule qui détermine le temps t* lu par le jumeau B en voyage, sur son horloge H_{B0}, dans les deux directions d'observation :

$$t^* = t_{P0} - \frac{t_{OB}}{\sqrt{1 - \frac{v^2}{c^2}}} \qquad (22)$$

Selon l'égalité 4

$$\frac{l_B}{c} = t_{0B}$$

Donc l'équation 22 peut être écrite sous la forme suivante :

$$t^* = t_{P0} - \frac{l_B}{\sqrt{c^2 - v^2}} \qquad (23)$$

D'après l'égalité 9, le temps t_{xA} observé par le jumeau A qui est au repos, est pratiquement égal au temps propre t_{P0} indiqué par l'aiguille de son horloge. Alors que pour le jumeau B en déplacement, les formules 22 et 23 de ce chapitre, montrent que le temps t^* observé par lui, diminue avec l'augmentation de la vitesse v de la fusée. En conséquence, à l'arrivée du jumeau B sur Terre après son voyage, près de son frère A ; le temps t^* lu par le jumeau B sur son horloge H_{B0} , est inferieur à celui qui est lu par son frère A (qui est sur Terre) sur son horloge H_{A0}.

Mais les temps propres t_{p0} indiqués par les aiguilles des horloges des deux jumeaux, sont les mêmes ; voir figure suivante :

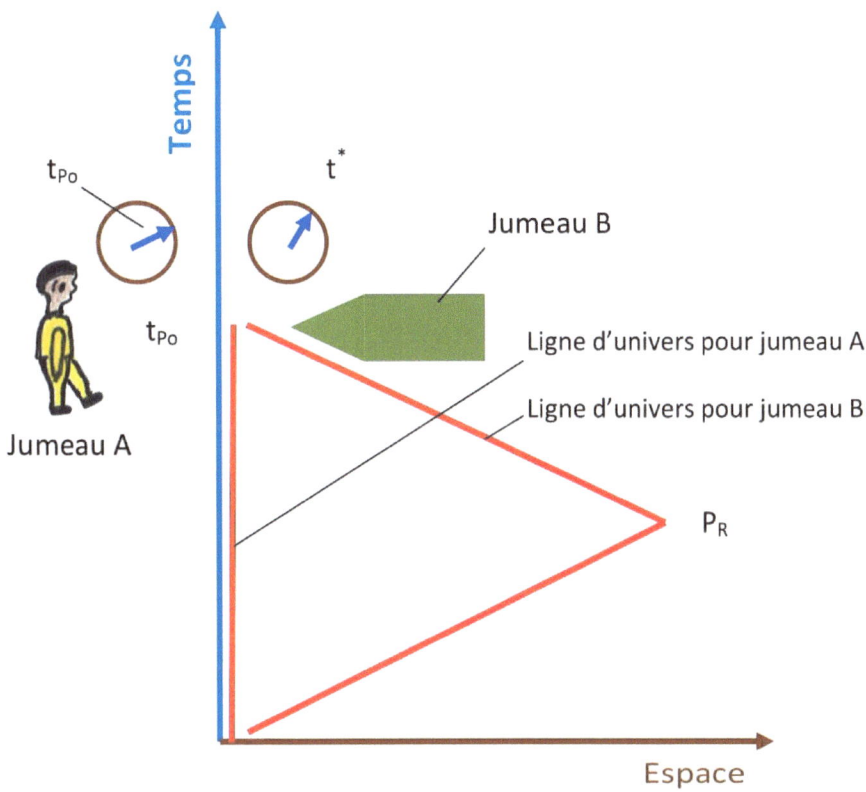

Fig.6. Diagramme espace-temps pour jumeaux A et B, avec horloges

Avec des valeurs numériques, appliquons l'équation 23 de ce chapitre pour le cas du jumeau B en voyage :

Si la distance l_B est 1m, le temps propre t_{P0} de voyage de B est de 10 ans, et la vitesse v de la fusée est égale à celle de la lumière, soit $9{,}454.10^{15}$ m/an ; le temps t^* lu par le jumeau B sur son horloge H_{B0} est en effet indéterminé :

$$\lim_{v \to c} \left(t_{P0} - \frac{l_B}{\sqrt{c^2 - v^2}} \right) = -\infty$$

Mais dans le cas où cette fusée se déplace par exemple avec une vitesse égale à 0,9999c, pour les mêmes valeurs de l_B et t_{P0}, le temps t^* est :

$$t^* = 10 - \frac{1}{\sqrt{((9{,}454)^2 - (0{,}9999.9{,}454)^2)10^{30}}} = (10 - 7{,}462.10^{-15}) \text{ans}$$

Par conséquent, à une vitesse de la fusée de 0.9999c, le temps t^* lu par le voyageur B sur son horloge H_{Bo}, à une distance d'un mètre, est pratiquement égal au temps propre t_{Po} indiqué par l'aiguille de l'horloge.

Vu ces deux résultats, la vitesse à partir de laquelle le décalage des horloges des jumeaux devient remarquable, est beaucoup plus proche à celle de la lumière ; ainsi :

La vitesse v de la fusée de voyage du jumeau B, déduite de l'équation 23 de ce chapitre est :

$$v = \sqrt{c^2 - \frac{l_B^2}{(t_{Po} - t^*)^2}} \qquad (24)$$

Si le temps propre t_{Po} de voyage du jumeau B est de 10 ans, et le temps t^* lu par lui sur son horloge H_{Bo} à une distance d'un mètre de lui, est de 5 ans; la vitesse de la fusée est :

$$v = \sqrt{(9{,}454.10^{15})^2 - \frac{1}{(10-5)^2}} = \sqrt{8{,}938.10^{31} - 0.04} \text{ m/an}$$

C'est-à-dire lorsque la fusée considérée, voyage avec la cette vitesse qui est **presque égale à celle de la lumière** pendant un temps propre de 10 ans ; le jumeau A qui est sur Terre lit pratiquement 10 ans sur son horloge H_{Ao} qui est à 1m de lui ; or pendant ce temps propre de 10 ans, le jumeau B ne lit que 5 ans sur son horloge H_{Bo} qui est à 1m de lui. **Et dans le langage relativiste on dit que le jumeau B s'est rajeuni par rapport à son frère A.**

En quelque sorte, si au moment de départ du jumeau B en voyage, ces frères étaient âgés de 20 ans ; à la fin du voyage de B après 10 ans, **dans le langage relativiste** on dit que l'âge du jumeau A est de 30 ans, et celui de son frère B est de 25 ans au lieu de 30 ans.

Et en effet, cette étude montre qu'en l'occurrence il n'y a aucun paradoxe; et dans le langage relativiste, c'est le jumeau voyageur qui se rajeunit.

10. Inexactitude de la méthode de la détermination du facteur de Lorentz par l'horloge lumineuse

10.1. Présentation de la méthode

Le facteur relativiste de Lorentz (γ), est donné par la formule suivante :

$$\gamma = \frac{1}{\sqrt{1 - \frac{v^2}{c^2}}} = \frac{1}{\sqrt{1 - \beta^2}} \qquad (1)$$

Où v est la vitesse de la grandeur physique considérée, et c la célérité de la lumière.

Ce facteur est largement utilité en relativité restreinte, et en particulier pour la mesure de la dilatation du temps, de la contraction des longueurs et de l'augmentation de la masse, avec l'accroissement de la vitesse. Il est obtenu d'une manière automatique par ma méthode simplifiée de la relativité, qui est présentée dans les premiers chapitres de cet ouvrage.

Si t_0, l_0 et m_0, sont respectivement le temps propre, la longueur propre, et la masse propre, de la grandeur physique considérée ; $t_0\gamma$, l_0/γ, et $m_0\gamma$, sont ses valeurs mesurées.

J'ai constaté que beaucoup d'enseignants de physique, démontrent ce facteur (γ) au moyen de ce qu'on appelle « horloge lumineuse » (appelée aussi véhicule de Lorentz ; voiture de Poincaré ; horloge d'Einstein ; etc.).

Cette méthode est la suivante :

Considérons un véhicule à l'arrêt, correspondant à un référentiel R au repos, tel qu'il est présenté par le dessin suivant :

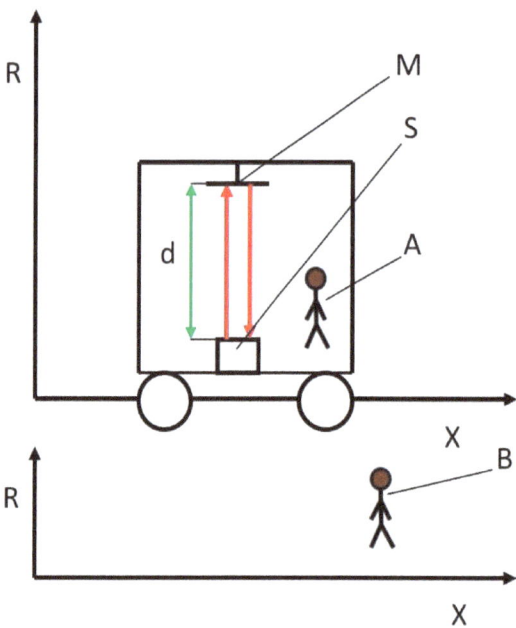

Fig.1. Véhicule de l'horloge lumineuse à l'arrêt

Ce véhicule est muni d'un miroir M placé en haut, d'une source lumineuse S en bas. Dedans il y a un observateur A, et à l'extérieur un observateur B correspondant au référentiel R. La distance entre le miroir M et la source lumineuse S, est désignée par d.

Pour l'observateur A, le rayon lumineux (en couleur rouge), va de la source lumineuse S au miroir M, puis il est réfléchi vers la source S. L'observateur B qui est à l'extérieur du véhicule voit la même chose que l'observateur A.

Par contre si ce véhicule se déplace avec la vitesse v, ce qui correspond au référentiel R' en déplacement (voir figure 2) ; pour l'auteur de la méthode de la détermination du facteur de Lorenz(γ) par l'horloge lumineuse, l'observateur A qui est à l'intérieur du véhicule, voit le rayon lumineux se déplace de la source lumineuse S, jusqu'au miroir M, puis il revient à cette source par réflexion. Mais pour l'observateur B qui est à l'extérieur du véhicule, (toujours selon l'auteur de la méthode de la détermination du facteur de Lorentz par l'horloge lumineuse), le rayon lumineux se déplace obliquement dans la direction du mouvement du véhicule, à partir de la source S jusqu'au au miroir M, puis du miroir M à la source S qui s'est déplacée (voir figure 2). Cela est représenté par schéma suivant :

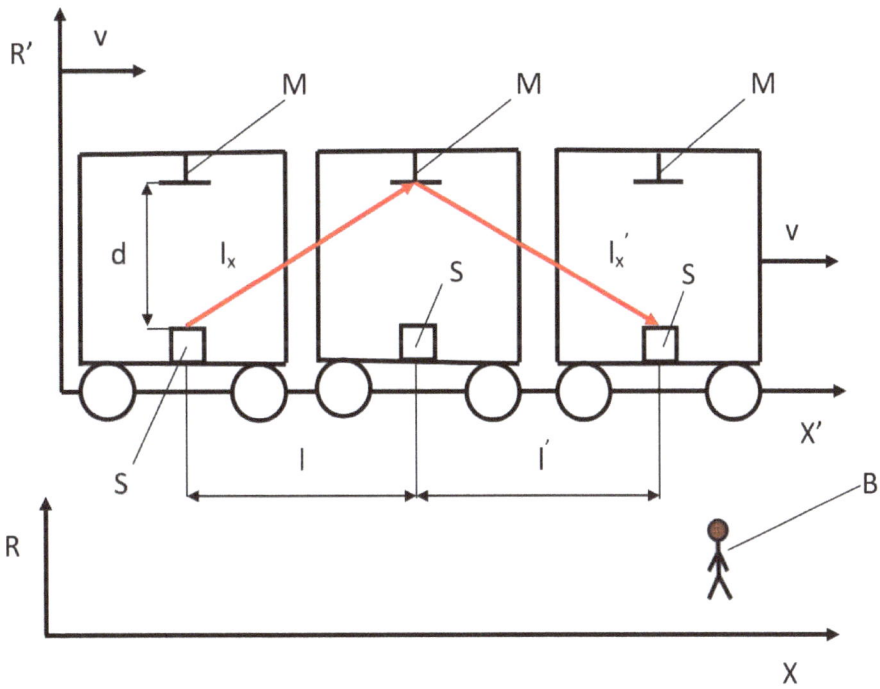

Fig.2. Véhicule de l'horloge lumineuse en déplacement

Où l_x est la longueur parcourue par la lumière émise de la source lumineuse S jusqu'au miroir M, lorsque le véhicule parcourt le trajet l.

l_x' est la longueur parcourue par la lumière réfléchie du miroir M, jusqu'à la source lumineuse S, lorsque le véhicule parcourt le trajet l'.

Représentons ces parcours (de la lumière et du véhicule) comme suit :

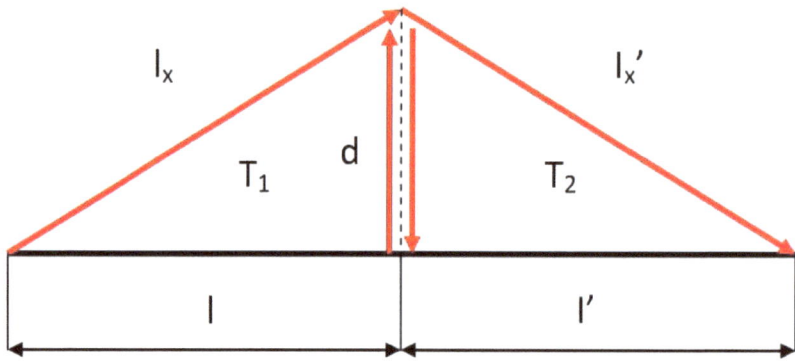

Fig.3. Représentation des parcours dans l'horloge lumineuse

Sur ce schéma, on voit que l_x est égale à l_x' ; l est égale à l' ; et d est toujours la hauteur parcourue à partir la source lumineuse S jusqu'au miroir M et vis versa, et qui est vue par l'observateur A qui est à l'intérieur du véhicule. Par conséquent, pour le calcul, on peut utiliser l'un des triangles : T_1 ou T_2.
Prenons le triangle T_1 :
D'après l'auteur de l'horloge lumineuse, la longueur l est égale au produit de la vitesse v du véhicule, et le temps t considéré.

$$l = vt \qquad (2)$$

La hauteur d entre la source lumineuse S et le miroir M, est égale au produit de la vitesse c de la lumière, et le temps t_0 mis par la lumière, de la source lumineuse S au miroir M ; ou du miroir M à la source S.

$$d = ct_0 \qquad (3)$$

Toujours selon l'auteur de l'horloge lumineuse, la longueur l_x qui est parcourue par la lumière pour arriver au miroir M lorsque le véhicule est en déplacement avec la vitesse v, est égale au produit de la célérité c de la lumière, et le temps t considéré ; ainsi :

$$l_x = ct \qquad (4)$$

Selon le théorème de Pythagore pour le triangle T_1 :

$$l_x^2 = l^2 + d^2$$

Par conséquent de la formule ci-dessus et des égalités 2, 3 et 4 ; on aura :

$$c^2 t^2 = v^2 t^2 + c^2 t_0^2 \qquad (5)$$

Transformons cette dernière expression :

$$(c^2 - v^2)t^2 = c^2 t_0^2 \implies t^2 = \frac{c^2 t_0^2}{c^2 - v^2}$$

Lorsqu'on multiplie et on divise le deuxième membre de cette équation par $1/c^2$, on obtient :

$$t^2 = \frac{t_0^2}{1 - \frac{v^2}{c^2}}$$

D'où

$$t = \frac{t_0}{\sqrt{1 - \frac{v^2}{c^2}}} = \gamma t_0 \qquad (6)$$

Ici γ est le facteur de Lorentz qui est donc égal à :

$$\gamma = \frac{1}{\sqrt{1 - \frac{v^2}{c^2}}} \qquad (7)$$

Dans le cas présent, je vois que l'auteur de l'horloge lumineuse, a obtenu le facteur de Lorentz par sa méthode. Mais est-ce que cela est correct ?

10.2. Premier argument d'inexactitude de l'horloge lumineuse, pour la détermination du facteur de Lorentz

Prenons le triangle T_1 de la figure 3, représentant les parcours de la lumière dans l'horloge lumineuse selon son auteur.

Supposons que :
- La hauteur du véhicule, $d = ct_0 = 3$m.
- La vitesse du véhicule, $v = 20$m/s.
- Le temps du parcours du véhicule, $t = 1$s.

Calculons la célérité c de la lumière, à l'aide de l'égalité 5 ; et est-ce qu'on la trouve égale à 3.10^8 ms^{-1}, ou non ?

De l'égalité 5, on tire :

$$c = \sqrt{\frac{v^2t^2 + c^2t_0^2}{t^2}} = \sqrt{\frac{v^2t^2 + d^2}{t^2}}$$

Lorsqu'on y remplace par les valeurs numériques ci-dessus, on trouve que la vitesse c de la lumière, calculée à l'aide de la relation 5, est égale à :

$$C = \sqrt{\frac{(20)^2 + 3^2}{1}} = 20{,}2237 \, m/s$$

Donc elle n'est pas égale à 3.10^8 m/s. En conséquence la méthode de la détermination du facteur γ de Lorentz au moyen de l'horloge lumineuse, est en effet incorrecte. **Donc, l'égalité 5 de ce chapitre, n'a aucune relation avec le théorème de Pythagore.**

10.3. Deuxième argument d'inexactitude de l'horloge lumineuse, pour la détermination du facteur de Lorentz

La méthode de détermination du facteur γ de Lorentz par l'horloge lumineuse, est assimilé à un ballon de football qui est lancé d'en bas d'un véhicule jusqu'à son plafond. Considérons ce cas :

Soit on a un véhicule à l'arrêt correspondant à un référentiel R au repos, à l'intérieur duquel on lance un ballon de football, du bas de ce véhicule jusqu'à son plafond avec une vitesse v_0. Pour l'observateur A qui est à l'intérieur du véhicule, le ballon lancé frappe le plafond du véhicule avec la vitesse v_0 (négligeons l'effet de la pesanteur, et les frottements de l'air) et revient en bas à sa position initiale avec la même vitesse, conformément au schéma suivant :

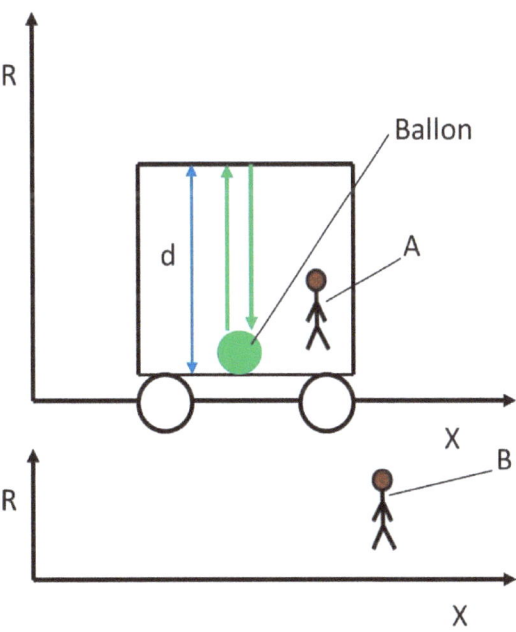

Fig.4. Cas du ballon assimilé au rayon lumineux dans un véhicule au repos

Et l'observateur B qui est à l'extérieur du véhicule, voit la même chose que l'observateur A (le ballon monte et redescend).

Dans le cas où le véhicule se déplace avec la vitesse v, correspondant au référentiel R' en déplacement, l'observateur A voit toujours le ballon monte jusqu'au plafond du véhicule et redescend en bas ; or, l'observateur B qui est à l'extérieur du véhicule, observe que le ballon monte obliquement jusqu'au plafond du véhicule en déplacement, puis redescend obliquement jusqu'au bas de ce véhicule. Schématisons cela :

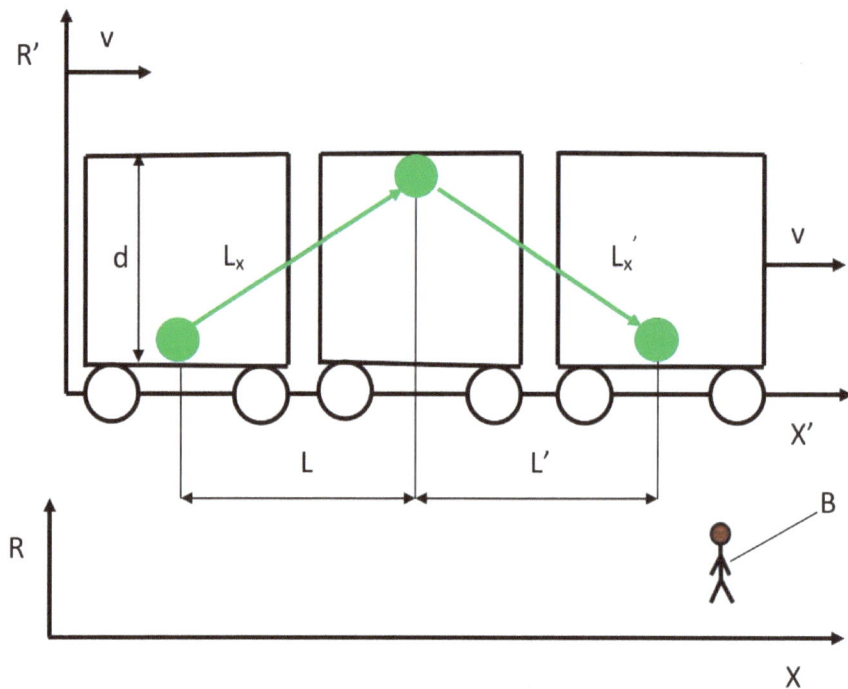

Fig.5. Cas du ballon assimilé au rayon lumineux dans l'horloge lumineuse

Où L_x et L_x', sont respectivement les longueurs parcourues par le ballon pendant sa montée et sa descente, vues par l'observateur B ; et d est la hauteur du véhicule.

Représentons ces parcours (du ballon et du véhicule) comme suit :

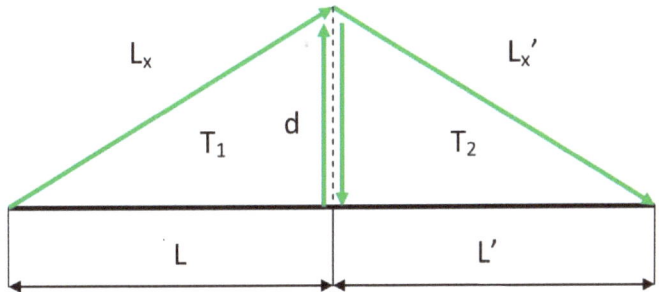

Fig.6. Représentation des parcours du ballon et du véhicule dans le référentiel R'

Ici, on voit que $L_x=L_x'$, $L=L'$, et d est toujours la hauteur parcourue par le ballon selon l'observateur A qui est à l'intérieur du véhicule ; donc pour le calcul on utilise l'un des triangles T_1 ou T_2.

Prenons le triangle T_1 :

On y constate que lorsque le ballon touche le plafond du véhicule en déplacement pendant un temps t_0 ; ce véhicule parcourt la distance L, et le ballon la longueur L_x.

L est donc égale au produit de la vitesse v du véhicule, et du temps t_0 de son parcours

$$L = vt_0 \qquad (8)$$

La hauteur d représentant la distance entre le plafond et le bas du véhicule, est égale au produit de la vitesse v_0 de lancement(ou de retour) du ballon, et le temps t_0 mis en jeu :

$$d = v_0 t_0 \qquad (9)$$

La longueur L_x parcourue par le ballon, lorsque le véhicule est en mouvement est égale au produit de la vitesse v_x du ballon le long de la trajectoire L_x, et le temps t_0 considéré :

$$L_x = v_x t_0 \qquad (10)$$

Selon le théorème de Pythagore :

$$L_x^2 = L^2 + d^2 \qquad (11)$$

C'est-à-dire :

$$v_x^2 t_0^2 = v^2 t_0^2 + v_0^2 t_0^2 \qquad (12)$$

La simplification de cette égalité donne :

$$v_x^2 = v^2 + v_0^2 \qquad (13)$$

D'où

$$v_x = \sqrt{v^2 + v_0^2} \qquad (14)$$

Prenons le triangle T_1 de la figure 6, représentant les parcours du ballon et du véhicule en mouvement ; et les mêmes valeurs de l'exemple cité dans le paragraphe 10.2 de ce chapitre :
-La hauteur du véhicule, d =3m.
-La vitesse du véhicule, v=20m /s.
-Le temps du parcours du véhicule, t_0=1s.
Calculons à l'aide de l'égalité 14, la vitesse v_x le long du parcours L_x :
Pour un temps d'une seconde, la vitesse v_0 de lancement (ou de retour) du ballon, calculée selon la formule 9, est égale à :

$$v_0 = \frac{d}{t_0} = \frac{3}{1} = 3 \text{m/s}$$

D'où

$$v_x = \sqrt{20^2 + 3^2} = 20{,}2237 \, m/s$$

En fait, le cas du ballon de football appartient à la relativité galiléenne ; par contre celui du rayon lumineux est à la relativité restreinte. Mais vu les résultats identiques des exemples de ce chapitre, qui sont trouvés à partir des équations 5 et 14, je vois que l'auteur de la méthode de la détermination du facteur de Lorentz par l'horloge lumineuse, a utilisé la relativité galiléenne, pour un cas de relativisé restreinte, qui est le rayon lumineux. Par conséquence cette méthode de détermination du facteur de Lorentz, est en effet incorrecte.

10.4. Comportement réel d'un rayon lumineux vertical au mouvement de sa source

L'application de la relativité restreinte, pour le cas d'un rayon lumineux qui se dirige du bas d'un véhicule jusqu'à son plafond et inversement, se comporte comme suit :

Considérons un véhicule à l'arrêt, correspondant à un référentiel R au repos, tel qu'il est représenté par le schéma suivant :

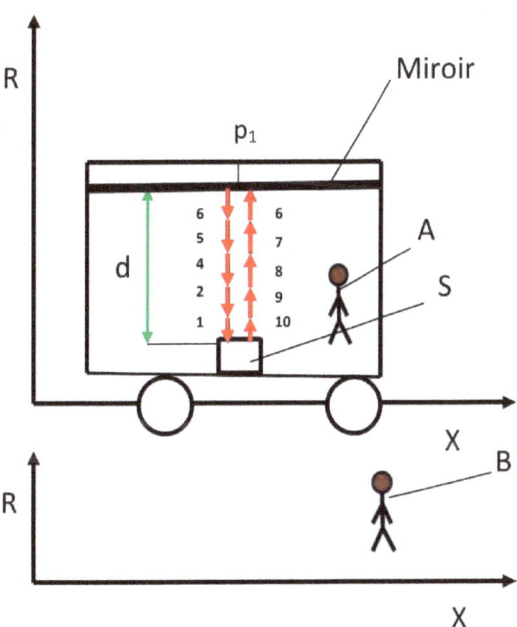

Fig.7. Schéma de trajectoire d'un rayon lumineux vertical dans un véhicule au repos

Ce véhicule possède une source lumineuse S placée dans son bas, et un miroir sur tout son plafond. Il contient un observateur A qui est dedans, et un autre B qui est à son extérieur.

Les fléchettes rouges représentent des photons sortants de la source lumineuse ; et les chiffres veulent dire :

1 est le premier photon qui est sorti de la source lumineuse ; 2 est le deuxième photon qui est sorti de cette dernière ; etc.

Pour l'observateur A, le rayon lumineux représenté en fléchettes rouges, frappe le miroir au pont P_1 et revient vers la source S par réflexion. Ici l'observateur B qui est à l'extérieur, voit la même chose que l'observateur A.

Mais si le véhicule considéré se déplace avec une vitesse v, ce qui correspond à un référentiel R' en déplacement ; le trajet du rayon lumineux n'est pas du tout comme celui du ballon de football, qui obéit au principe de la relativité galiléenne (voir paragraphe 10.3, de cet ouvrage) :

Le cas du ballon lancé en haut du véhicule, et qui revient en bas, après avoir frappé au plafond avec une vitesse v_0, **se déplace aussi horizontalement par inertie** avec la vitesse v qui est celle du véhicule ; c'est-à-dire, ce cas appartient à la relativité galiléenne. Par contre, le rayon lumineux qui se déplace du bas en haut et du haut en bas du véhicule, (entre la source lumineuse et le plafond) obéit au principe de la relativité restreinte, **parce que les photons ne se déplacent pas par inertie, car ils sont indépendants du mouvement de la source lumineuse,** c'est-à-dire ils ne dépendent pas du mouvement du véhicule.

En l'occurrence, si le véhicule se déplace avec la vitesse v, l'observateur A qui est à l'intérieur voit que ce le véhicule est immobile, mais le rayon lumineux se déplace obliquement de la source lumineuse S jusqu'au plafond au point p_2, puis il sera réfléchi obliquement jusqu'au bas du véhicule au point p_3, comme le schéma suivant le montre :

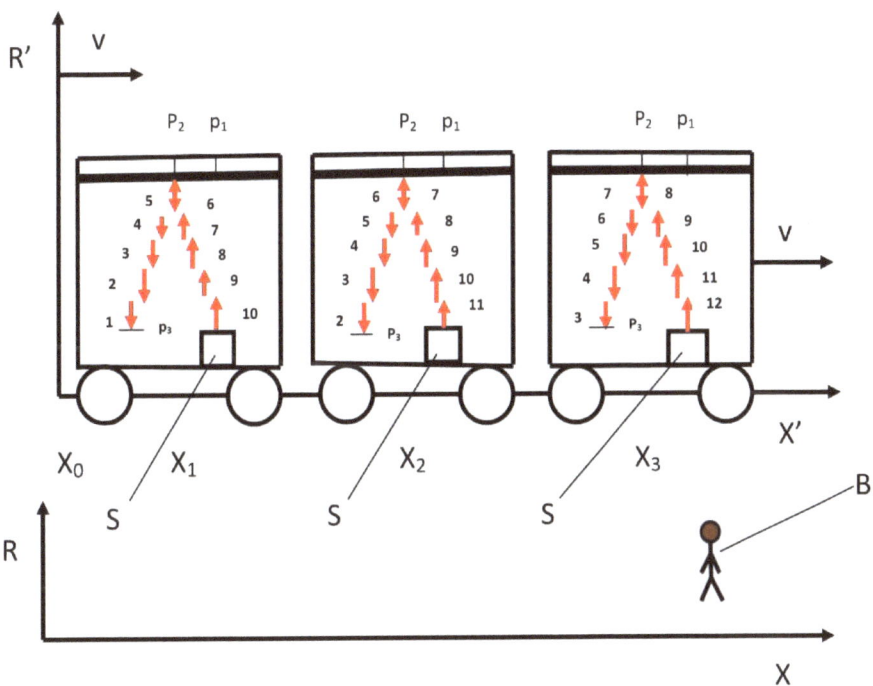

Fig.8. Schéma de trajectoire d'un rayon lumineux vertical, dans un véhicule en mouvement

Ici, lorsque le véhicule passe de x_0 à x_1, la source lumineuse S génère par exemple 10 photons ; si elle se déplace de x_1 à x_2, elle génère le 11e photon ; pendant son itinéraire de x_2 à x_3, elle fait sortir le 12e photon ; etc.

Par conséquent, on remarque que les observateurs A et B voient le même phénomène dans le cas où le véhicule est en déplacement. En outre, l'observateur B voit aussi que le sens du rayon lumineux, est obliquement opposé à la direction du mouvement du véhicule.

Comme les photons considérés se dirigent perpendiculairement à la direction du mouvement du véhicule, le temps de passage du rayon lumineux à partir de la source lumineuse S jusqu'au point p_1, est égal à celui de son passage à partir sa source S, jusqu'au point p_2 ; et même chose pour son le temps de passage de p_2 à p_3.

Si on désigne la distance entre p_1 et p_2, par l ; on obtient :

$$l = vt_0 \qquad (15)$$

Où v est la vitesse du véhicule, et t_0 est le temps mis par le rayon lumineux, de sa source S au point p_1.

Par conséquent, la longueur maximale l_{max} entre les points p_1 et p_2, est égale a la distance d parcourue par le rayon lumineux entre la source lumineuse S et le point p_1 :

$$l_{max} = ct_0 = d \qquad (16)$$

11. La gravitation

11.1. Gravitation newtonienne sur la surface d'un objet massif

Certes, la composition profonde de la matière est complexe ; Néanmoins on connait qu'elle est composée d'atomes. Les atomes sont constitués de protons, de neutrons et d'électrons. Les protons et les neutrons sont formés de quarks ; et jusqu'à présent (30 avril 2020) on ne connait pas encore la composition des quarks. Pour cette étude, je me limite à la composition de la matière en électrons, en protons et en neutrons.

Un corps est composé de N_x neutrons, N_y protons et N_y électrons ; et souvent il est impossible de connaitre ces nombres dans un corps. Pour faciliter les calculs et la compréhension de ce phénomène de la gravitation newtonienne, j'utilise « **l'équivalent de masse du neutron**» qui peut être un neutron ou un couple proton-électron, car ils ont les mêmes masses ; et je le désigne par n ou p+e.

Considérons deux équivalents de masse de neutron, qui sont distants d'une longueur r :

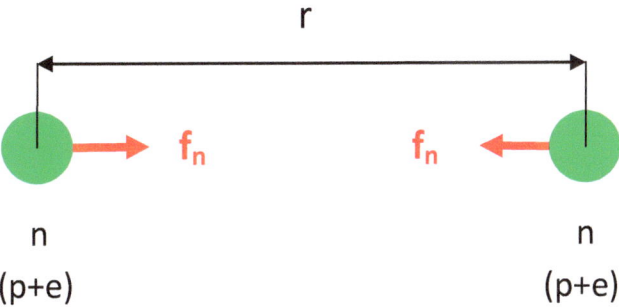

Fig.1. Attraction entre deux équivalents de masse de neutron, distants d'une longueur r

Naturellement ces deux particules s'attirent mutuellement, et l'énergie potentielle E_1 de cette attraction est égale à :

$$E_1 = \frac{Gm_n^2}{r} \qquad (1)$$

Où G est la constante universelle de gravitation, ou constante de Cavendish ; et m_n est la masse de l'équivalent de masse du neutron.

La force d'attraction f_n produite entre deux équivalents de masse de neutron est égale donc à :

$$f_n = \frac{E_1}{r} \qquad (2)$$

C'est-à-dire :

$$f_n = \frac{Gm_n^2}{r^2} \qquad (3)$$

Prenons maintenant un équivalent de masse de neutron (n) qui est distant d'un corps formé de N_1 équivalents de masse de neutron ; comme la figure suivante l'indique :

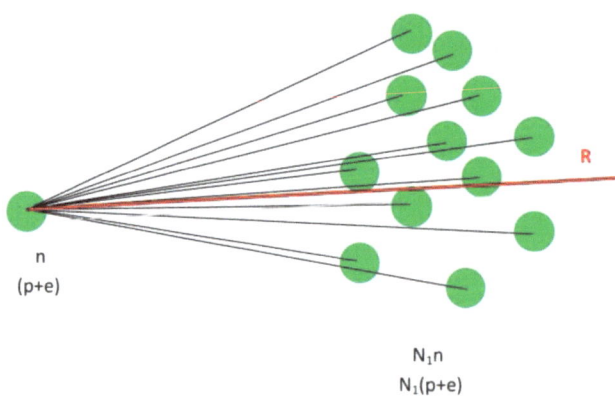

Fig.2. Attraction entre un équivalent de masse de neutron, et un corps de N_1 équivalents de masse de neutron

Dans ce cas, l'équivalent de masse du neutron (n) qui est isolé, est attiré par N_1 équivalents de masse de neutron (N_1n), et vis versa.

Ici, la force f_{ni} produite ente l'équivalent de masse du neutron (n), qui est isolé, et un autre équivalent i de masse de neutron, du corps N_1n considéré, est égale à :

$$f_{ni} = Gm_n^2 \left(\frac{1}{r_i^2}\right)_p \qquad (4)$$

Où r_i est la distance entre l'équivalent de masse du neutron, isolé (n), et un autre équivalent i de masse de neutron, du corps N_1n ou N_1(p+e) considéré.

Le terme $\left(\frac{1}{r_i^2}\right)_p$ est la projection du rapport $\frac{1}{r_i^2}$ sur la ligne R de la résultante des forces d'attraction entre l'équivalent de masse du neutron (n), qui est isolé, et les autres équivalents de masse de neutron, du corps N_1n (N_1(p+e)) considéré.

La force f_{n1} qui se produit entre l'équivalent de masse du neutron (n), qui est isolé, et la somme N_1 des équivalents de masse de neutron, du corps N_1n (N_1(p+e)) considéré, est en l'occurrence égale à :

$$f_{n1} = Gm_n^2 \sum_{i}^{N_1} \left(\frac{1}{r_i^2}\right)_p \qquad (5)$$

Où i=1, 2, 3...N_i

Prenons maintenant un corps composé de N_2 équivalents de masse de neutron, distant d'un autre corps formé de N_1 équivalents de masse de neutron, comme il est indiqué par la figure suivante:

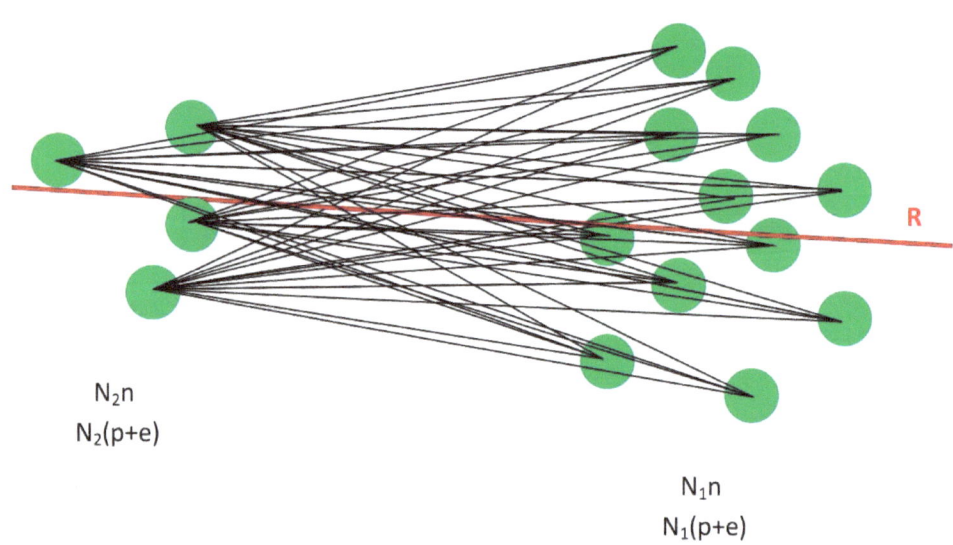

Fig.3. Attraction entre deux corps constitués de N_1 et N_2 équivalents de masse de neutron

Dans ce cas, les N_1 équivalents de masse du neutron, constituant le corps N_1n, sont attirés par les N_2 équivalents de masse de neutron, du corps N_2n, et vis versa.

La force f_{n2} qui se produit entre N_1 équivalents de masse de neutron, formant le corps N_1n, et les N_2 équivalents de masse de neutron, constituant le corps N_2n est en effet égale à :

$$f_{n2} = Gm_n^2 \sum_i^{N_1N_2} \left(\frac{1}{r_i^2}\right)_p \qquad (6)$$

Où i=1 ,2 ,3...N_1N_2

Considérons un petit corps composé de N_1 équivalents de masse de neutron, disposé sur la surface d'une planète sphérique de rayon R_p, constituée de N_2 équivalents de masse de neutron. Représentons cela par le schéma suivant :

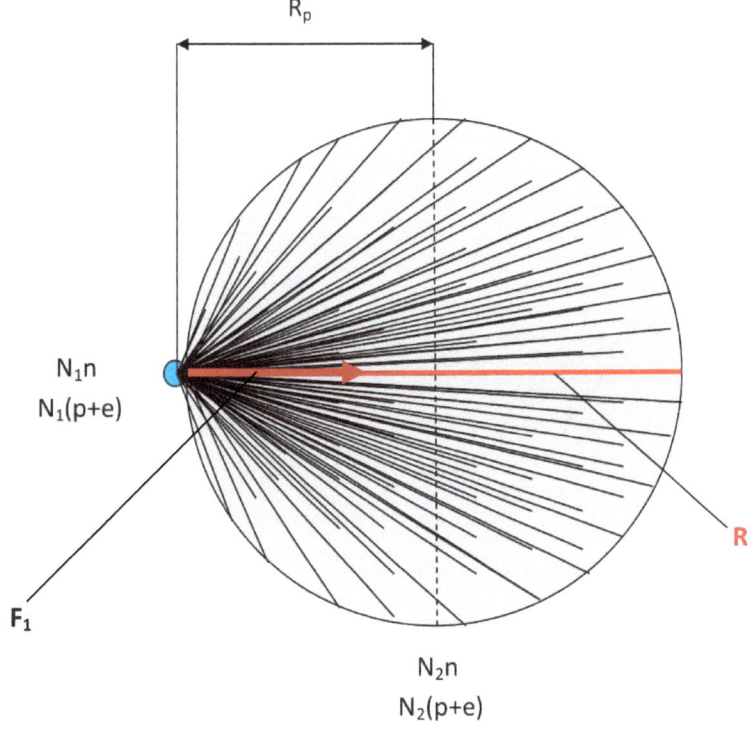

Fig.4. Attraction d'un corps sur la surface d'une planète

Ici, les N_1 équivalents de la masse de neutron, qui composent le petit corps qui est sur la surface de la planète, sont attirés par les N_2 équivalents de masse du neutron, formant cette planète, et vis versa.

La force F_1 qui se produit entre le petit corps composé de N_1 équivalents de masse de neutron, et la planète constituée de N_2 équivalents de masse de neutron, est en conséquence calculée par relation 6 de ce chapitre. C'est-à-dire :

$$F_1 = Gm_n^2 \sum_i^{N_1 N_2} \left(\frac{1}{r_i^2}\right)_p \qquad (7)$$

Où i=1 ,2 ,3...$N_1 N_2$

Mais pour une masse sphérique qui est le cas de la planète en question, cette force F_1 est égale à :

$$F_1 = \frac{G m_n N_1 m_n N_2}{R_p^{\,2}} \qquad (8)$$

Le produit $m_n N_1$ est la masse m du petit corps, et le produit $m_n N_2$ est la masse M de la planète. C'est-à-dire :

$$m_n N_1 = m \qquad (9)$$

$$m_n N_2 = M \qquad (10)$$

En conséquence, l'égalité 8 de ce chapitre, aura la forme suivante :

$$F_1 = \frac{GMm}{R_p^{\,2}} \qquad (11)$$

Avec

$$\frac{GM}{R_p^{\,2}} = a_s \qquad (12)$$

On écrit donc :

$$F_1 = m a_s \qquad (13)$$

Où a_s est l'accélération de la pesanteur sur la surface de la planète. Pour la Terre elle est désignée par g, et elle est égale à environ 9,81ms^{-1}.

11.2. Gravitation newtonienne à l'intérieur d'un objet massif

Considérons un petit corps composé de N_1 équivalents de masse de neutron, disposé à l'intérieur d'une planète sphérique de rayon R_p.

Dans ce cas les N_1 équivalents de masse de neutron, constituant le petit corps, sont attirés par les équivalents de masse de neutron, des parties A et B de la planète, conformément au schéma suivant :

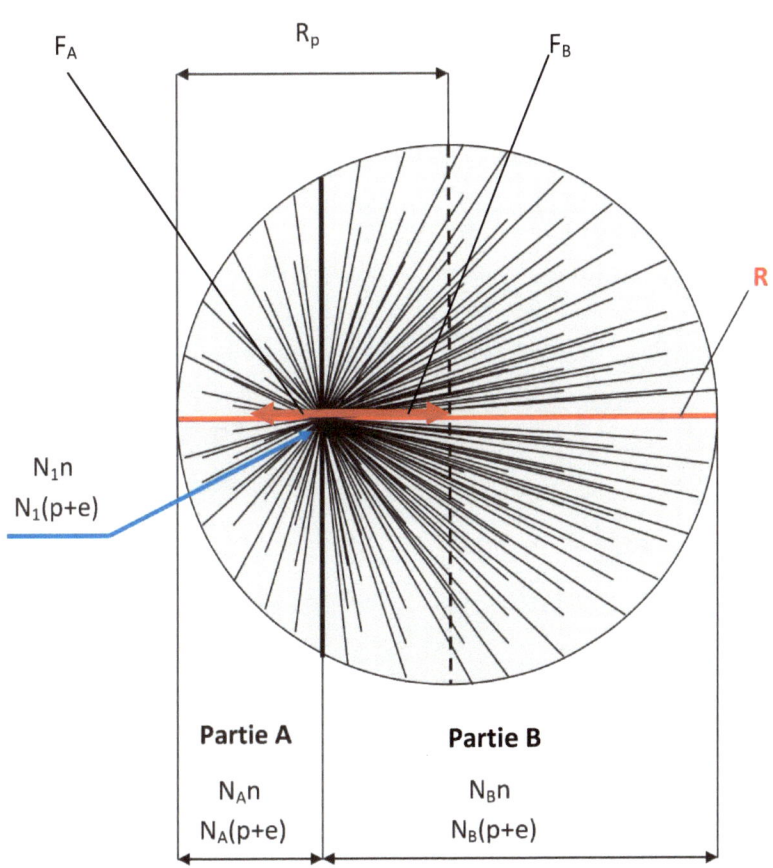

Fig.5. Attraction d'un corps à l'intérieur du volume d'une planète

Sur ce schéma, on voit les N_1 équivalents de masse du neutron, du petit corps considéré qui est à l'intérieur de la planète, sont attirés d'un côté par les N_A

équivalents de masse de neutron, de la partie A, et du côté opposé par les N_B équivalents de neutron, de la partie B.

Par conséquent, la force résultante F_2 qui attire ce petit corps vers le centre de la planète est égale à :

$$F_2 = F_B - F_A \qquad (14)$$

Où F_B et F_A sont respectivement les forces attirant le petit corps considéré, vers la partie B, et vers la partie A, de la planète.

L'application de la formule 6 de ce chapitre à ce cas, donne :

$$F_B = Gm_n^2 \sum_i^{N_1 N_B} \left(\frac{1}{r_{Bi}^2}\right)_p \qquad (15)$$

$$F_A = Gm_n^2 \sum_i^{N_1 N_A} \left(\frac{1}{r_{Ai}^2}\right)_p \qquad (16)$$

i=1 , 2 ,3…$N_1 N_B$; et i=1, 2, 3…$N_1 N_A$

Où N_B et N_A sont respectivement les nombres d'équivalents de masse de neutron, dans la partie B, et dans la partie A de la planète ; r_{Bi} est la distance entre un équivalent de masse de neutron dans la partie B, et un équivalent de masse de neutron dans le corps considéré ; et r_{Ai} est la distance entre un équivalent de masse de neutron dans la partie A, et un équivalent de masse de neutron dans le corps considéré.

Remplaçons ces équations 15 et 16 dans l'égalité 14 ; nous aurons en conséquence :

$$F_2 = Gm_n^2 \left[\sum_i^{N_1 N_B} \left(\frac{1}{r_{Bi}^2} \right)_p - \sum_i^{N_1 N_A} \left(\frac{1}{r_{Ai}^2} \right)_p \right] \qquad (17)$$

i=1, 2, 3...$N_1 N_B$; et i=1, 2, 3...$N_1 N_A$

Cette force F_2 est égale aussi au produit de la masse m du petit corps considéré, et son accélération a_r au point r_x à l'intérieur du volume de la planète ; ainsi :

$$F_2 = ma_r \qquad (18)$$

A partir des équations 17 et 18, on aura l'expression générale de la détermination de l'accélération de la pesanteur en un point r_x du volume de la planète :

$$a_r = \frac{Gm_n^2}{m} \left[\sum_i^{N_1 N_B} \left(\frac{1}{r_{Bi}^2} \right)_p - \sum_i^{N_1 N_A} \left(\frac{1}{r_{Ai}^2} \right)_p \right] \qquad (19)$$

i=1, 2, 3...$N_1 N_B$; et i=1, 2, 3...$N_1 N_A$

De cette équation, on voit que l'accélération de la pesanteur à l'intérieur du volume d'une planète, diminue à partir de la surface de la planète où elle est maximale, à son centre où elle est égale à zéro.
C'est-à-dire à la surface de la planète, la partie A n'existe pas, donc l'accélération a_s de la pesanteur sur cette surface est :

$$a_s = a_r = \frac{Gm_n^2}{m} \sum_i^{N_1 N_B} \left(\frac{1}{r_{Bi}^2} \right)_p \qquad (20)$$

i=1, 2, 3...$N_1 N_B$

Au centre de la planète N_B égal à N_A, et on aura donc :

$$\sum_{i}^{N_1 N_B} \left(\frac{1}{r_{Bi}^2}\right)_p = \sum_{i}^{N_1 N_A} \left(\frac{1}{r_{Ai}^2}\right)_p \qquad (21)$$

i=1 , 2 ,3…$N_1 N_B$; et i=1, 2, 3…$N_1 N_A$

Lorsqu'on remplace cela dans l'équation 19 de ce chapitre, on voit que l'accélération a_0 de la pesanteur au centre d'un astre est égale à zéro ; c'est-à-dire :

$$a_0 = a_r = 0 \qquad (22)$$

Selon l'équation 19 de ce chapitre, qui est l'expression générale de la détermination de l'accélération de la pesanteur en un point r_x du volume de la planète ; la variation a_r de cette accélération en fonction de la position r_x du petit corps considéré à l'intérieur du volume de la planète, peut-être représenté par le graphe suivant :

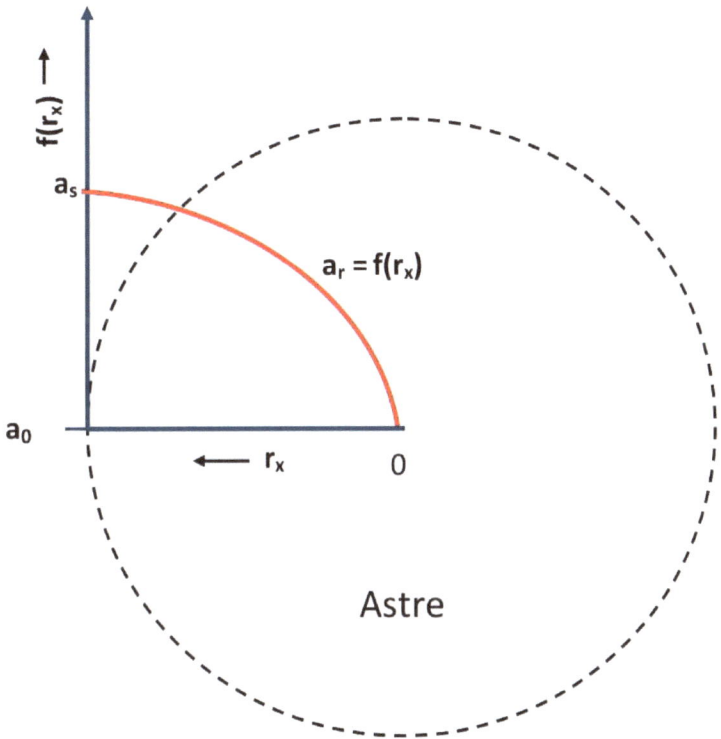

Fig.6. Variation de l'accélération de la pesanteur à l'intérieur du volume d'un astre

<u>Note</u> : Cette fonction ($a_r = f(r_x)$) peut avoir plusieurs allures qui dépendent des densités des matériaux composant la planète, et leur répartition dans le volume de cette dernière ; mais elle est toujours décroissante. Toutefois l'accélération de la pesanteur sur la surface d'un astre ordinaire est toujours maximale, et dans son centre est nulle.

Certes l'accélération de la pesanteur au centre d'un astre ordinaire est nulle ; mais si cet astre est une planète gazeuse, la pression dans ce lieu peut être très importante, au point d'augmenter la température à des degrés pouvant déclencher des réactions nucléaires de fusion. Cette pression peut être déterminée à partir des principales équations de ce chapitre.

11.3. Gravitation newtonienne à l'extérieur d'un objet massif

Considérons un petit corps composé de N_1 équivalents de masse de neutron, distant d'une longueur h de la surface d'une planète sphérique de rayon R_p. Cette planète est constituée de N_2 équivalents de masse de neutron. Représentons cela par le schéma suivant :

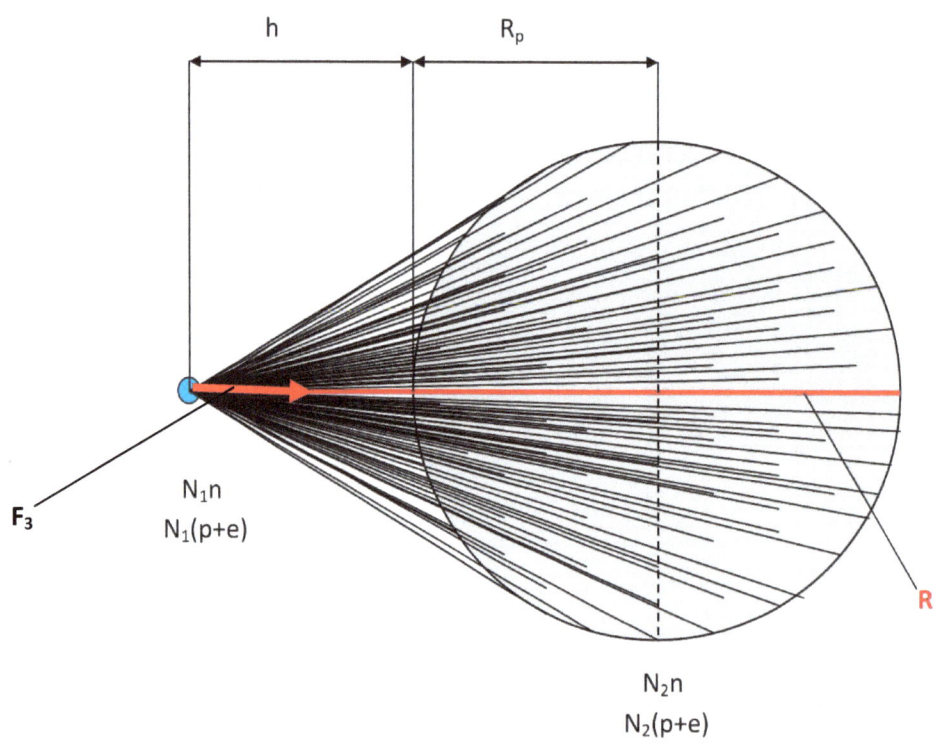

Fig.7. Attraction d'un corps à une distance h de la surface d'une planète

Ici, les N_1 équivalents de masse de neutron, qui composent le petit corps qui est à une distance h de la surface de la planète, sont attirés par les N_2 équivalents de masse de neutron, formant cette planète, et vis versa.

La force F_3 qui se produit entre les N_1 équivalents de masse de neutron, composant le petit corps considéré, et les N_2 équivalents de masse de neutron, formant la planète, est en conséquence calculée par relation 6 de ce chapitre. C'est-à-dire :

$$F_3 = Gm_n^2 \sum_{i}^{N_1 N_2} \left(\frac{1}{r_i^2}\right)_p \qquad (23)$$

i=1 ,2 ,3…$N_1 N_2$

Mais pour une masse sphérique qui est le cas de la planète considérée, cette force F_3 égale à :

$$F_3 = \frac{GMm}{(R_p + h)^2} \qquad (24)$$

Où G, M, m ,et h, sont respectivement, la constante universelle de gravitation ou la constante de Cavendish ; la masse de la planète ; la masse du petit corps considéré ; et la distance séparant le petit corps en question, et la surface de la planète ou de l'astre.

Dans cette formule 24, on voit que l'accélération a_h de la pesanteur à une distance h à partir de la surface de la terre est :

$$a_h = \frac{GM}{(R_p + h)^2} \qquad (25)$$

Il est connu que la vitesse v est la dérivée de la distance h par rapport au temps t ; et elle est égale aussi au produit de l'accélération a_h et du temps t ; ainsi :

$$v = \frac{dh}{dt} = a_h t \Rightarrow dh = a_h t\, dt$$

Faisons l'intégration de 0 à h et de 0 à t :

$$\int_0^h dh = a_h t \int_0^t dt \Rightarrow h = a_h \frac{t^2}{2}$$

C'est-à-dire

$$h = \frac{1}{2} a_h t^2 \qquad\qquad 26$$

Donc, la longueur h parcourue librement par un objet de masse m, en direction du centre d'une planète ou d'un astre ordinaire, dépend de l'accélération a_h ; et elle est proportionnelle au carré du temps.

Il est connu aussi que :

$$a_h = \frac{dv}{dt} \Rightarrow dt = \frac{dv}{a_h}$$

Comme

$$v = \frac{dh}{dt}$$

On aura :

$$v = \frac{a_h dh}{dv} \Rightarrow v dv = a_h dh$$

Faisons l'intégration de 0 à v, et de 0 à h

$$\int_0^v v dv = a_h \int_0^h dh \Rightarrow \frac{v^2}{2} = a_h h$$

C'est-à-dire :

$$v^2 = 2a_h h$$

D'où

$$v = \sqrt{2a_h h} \qquad (27)$$

En conséquence, la vitesse v d'un objet de masse m se déplaçant librement par gravitation vers le centre d'une planète ou d'un astre ordinaire, dépend de l'hauteur et de l'accélération de la pesanteur, et non plus de la masse de l'objet.

Considérons maintenant une planète de masse M autour de laquelle tourne un corps de masse m, avec une vitesse linière v, suivant une orbite parfaitement circulaire (à excentricité zéro) en admettant que les perturbations astronomiques sont nulles. Représentons cela par le schéma suivant :

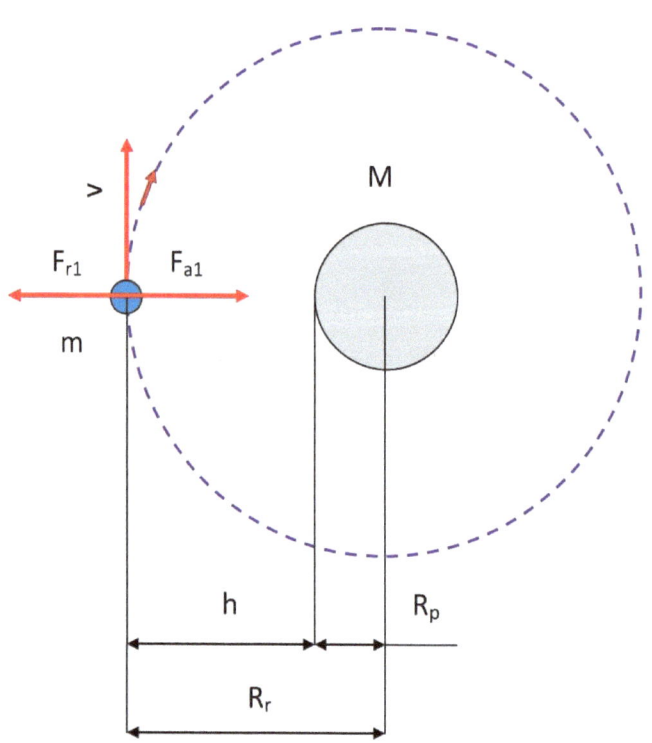

Fig.8. Rotation d'un objet de masse m autour d'une planète de masse M

Le corps tournant est soumis à la force d'attraction F_{a1} de la planète, et à la force centrifuge F_{r1} engendrée par le mouvement de rotation, et sa masse, de ce corps ; ainsi :

$$F_{a1} = \frac{GMm}{R_r^2} \qquad (28)$$

Où R_r est le rayon de l'orbite de rotation de l'objet de masse m

$$F_{r1} = \frac{mv^2}{R_r} \qquad (29)$$

En astronomie, lorsqu'un objet tourne autour d'un autre (planète, etc.) suivant une orbite fermée, la force d'attraction gravitationnelle F_{a1}, est égale à la force centrifuge F_{r1} créée par la rotation de l'objet tournant. C'est-à-dire :

$$F_{a1} = F_{r1}$$

Donc

$$\frac{GMm}{R_r^2} = \frac{mv^2}{R_r}$$

Et de cette égalité on tire :

$$R_r = \frac{GM}{v^2} \qquad (30)$$

Et voici, cette formule nous montre que la distance R_r entre un astre et un objet de masse m tournant autour de lui, dépend de la masse M de l'astre et de la vitesse v de l'objet en rotation quelque soit sa masse m.

11.4. La gravitation selon Einstein

La mauvaise transmission de la relativité générale, a laissé certains gens penser que la gravitation newtonienne est incorrecte ; et c'est celle d'Einstein, qui est juste.

D'après Einstein, un objet massif tel qu'une planète, n'attire aucun autre objet ; mais il déforme l'espace temps caractéristique des objets de l'univers.

Selon Einstein si un objet spatial se déplace par inertie en absence d'un autre, il continuera sa trajectoire en ligne droite sans aucune déviation. Dans ce cas Einstein représente l'espace-temps par une grille plate, sur laquelle un objet spatial se déplace en ligne droite, conformément au schéma suivant :

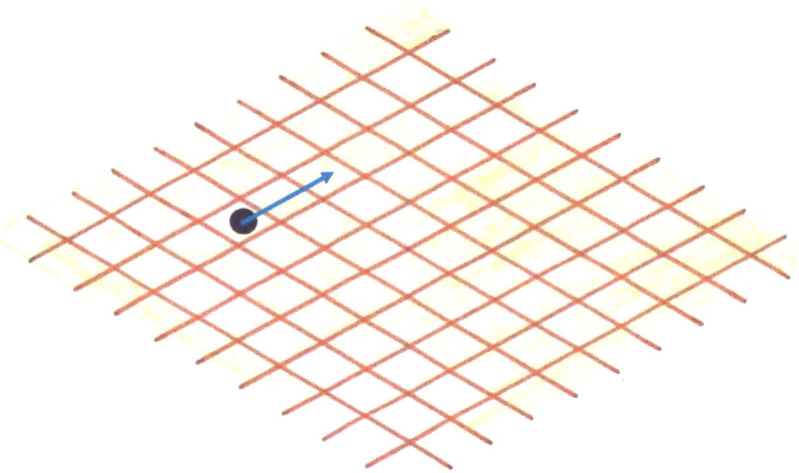

Fig.9. Trajectoire d'un objet spatial dans l'espace-temps en absence d'un autre

Toujours d'après Einstein, si ce corps spatial est près ou n'est pas trop loin d'un autre objet massif tel qu'une planète ; il ne se déplace pas en ligne droite, mais il suit la courbure espace-temps déformé par ce corps massif. Il représente cela par la déformation d'une grille plate, selon le schéma suivant :

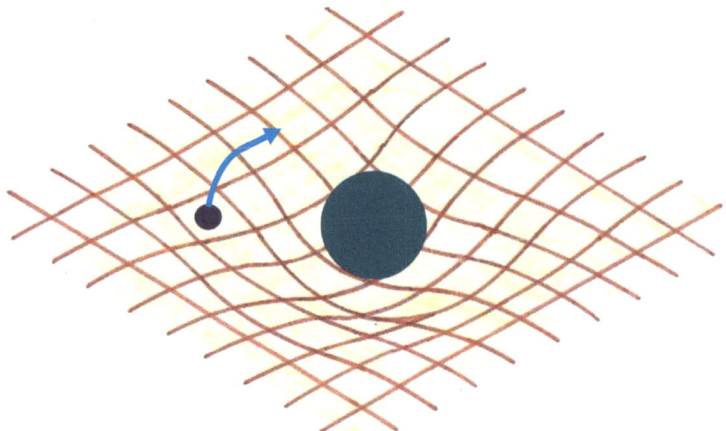

Fig.10. Objet spatial se déplaçant suivant la courbure espace-temps déformé par une planète

Et à partir de cela, on comprend que selon Einstein, la force d'attraction entre les masses n'existe pas ; et pourtant on voit que nous sommes attirés par la Terre au moyen de cette force.

Pour faire comprendre convenablement la gravitation d'Einstein, je dois tout d'abord étudier l'espace-temps autour d'une planète, au moyen de la gravitation newtonienne.
Considérons le cas de la Terre :
A une certaine altitude h de la surface de la Terre, correspondant au point zéro, libérons un objet. Ce dernier se déplace vers le centre de la Terre conformément à la formule 26 de ce chapitre, qui peut être écrite comme suit :

$$t = \sqrt{\frac{2l}{g}} \qquad (31)$$

Où t est le temps de parcours ; l est la longueur parcourue par l'objet considéré durant le temps t à partir du point zéro de l'altitude h ; et g est l'accélération de la pesanteur terrestre.

Lorsque l'altitude h est trop petite par rapport au rayon de la Terre, la valeur moyenne de l'accélération g de la pesanteur terrestre, est pratiquement constante, et elle est égale à 9,80665 ms^{-2} ; soit 9.81ms^{-2}.

Etudions maintenant le déplacement de cet objet libéré, aux points, P_0, P_1, P_2, P_3, P_4 et P_5, de l'altitude h ; correspondant respectivement aux temps t_0, t_1, t_2, t_3, t_4, et t_5. Représentons cela par le schéma suivant :

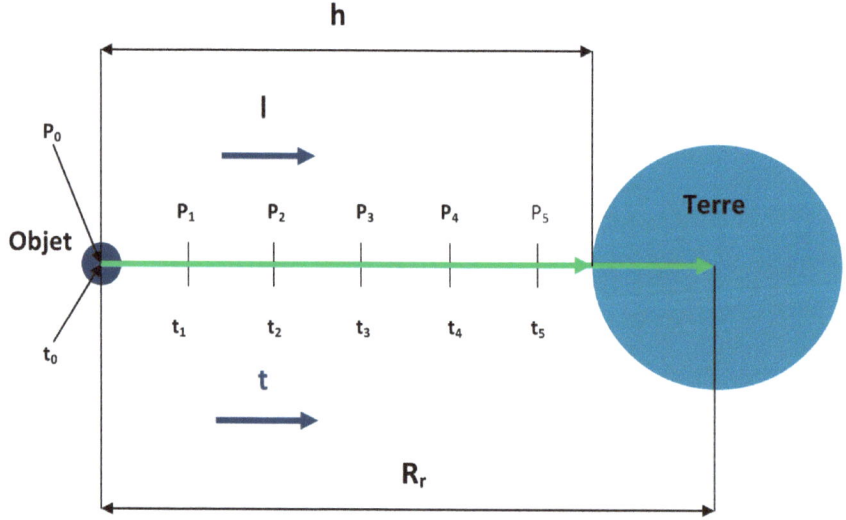

Fig.11. Chute libre d'un objet à une altitude h de la surface de la Terre

Pour une longueur de 20 mètres séparant un point et un autre, calculons les temps t_0, t_1, t_2, t_3, t_4, et t_5, correspondant respectivement aux points P_0, P_1, P_2, P_3, P_4 et P_5 ; et portons les résultats obtenus dans le tableau ci-dessous :

Désignation de la longueur parcourue	Longueur parcourue	Valeur de la longueur parcourue en mètres	Temps de parcours en seconde
l_0	P_0	000	0,00
l_1	P_0 à P_1	020	2,02
l_2	P_0 à P_2	040	2,85
l_3	P_0 à P_3	060	3,50
l_4	P_0 à P_4	080	4,04
l_5	P_0 à P_5	100	4,51

Table.1. Temps de parcours d'un objet en chute libre vers le centre de la Terre

Remplaçons t_0, t_1, t_2, t_3, t_4, et t_5, de la figure 11 de ce chapitre, par leurs valeurs numériques du tableau ci-dessus ; nous obtenons la figure suivante :

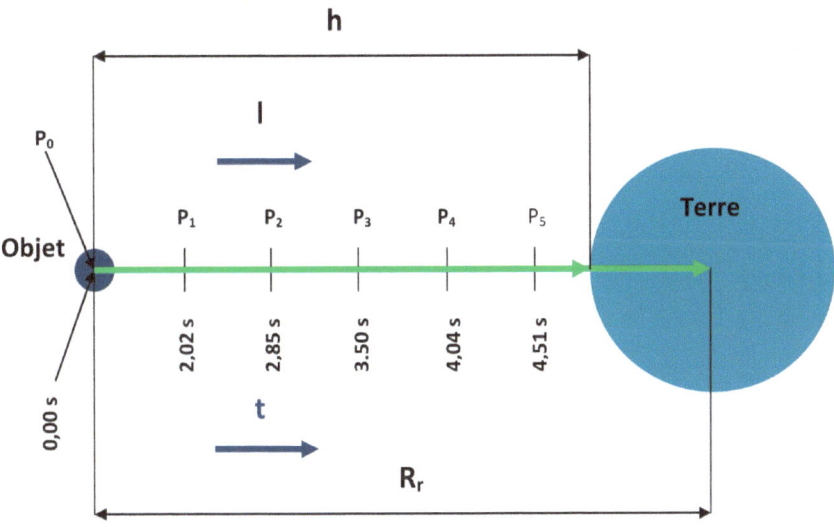

Fig.12. Représentation de la chute libre en valeurs numériques du temps

A partir des résultats du tableau 1, traçons le diagramme espace-temps dans le présent et le futur, pour la chute libre de cet objet en question.

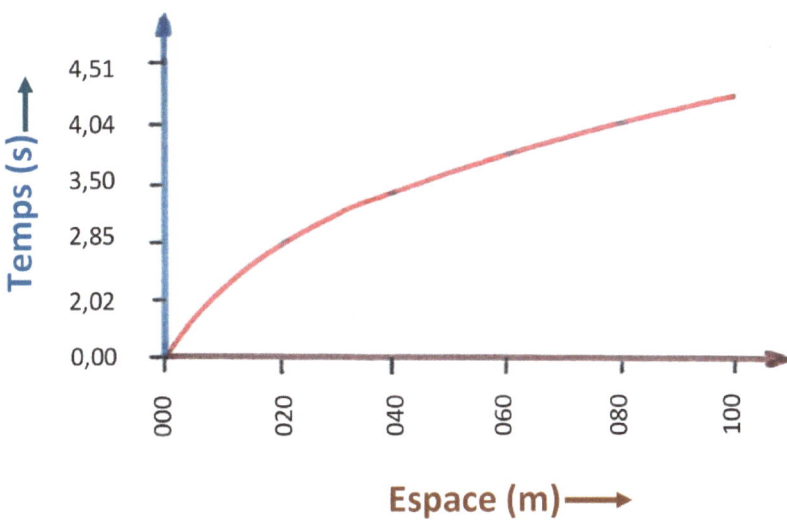

Fig.13. Diagramme espace-temps d'un objet en chute libre, dans le présent et le futur

Maintenant, supposons qu'il y a plusieurs objets de mêmes masses ou de masses différentes, lâchés librement de tous les côtés de la surface de la Terre, à la même altitude et au même temps t_0. Représentons cela par le schéma suivant :

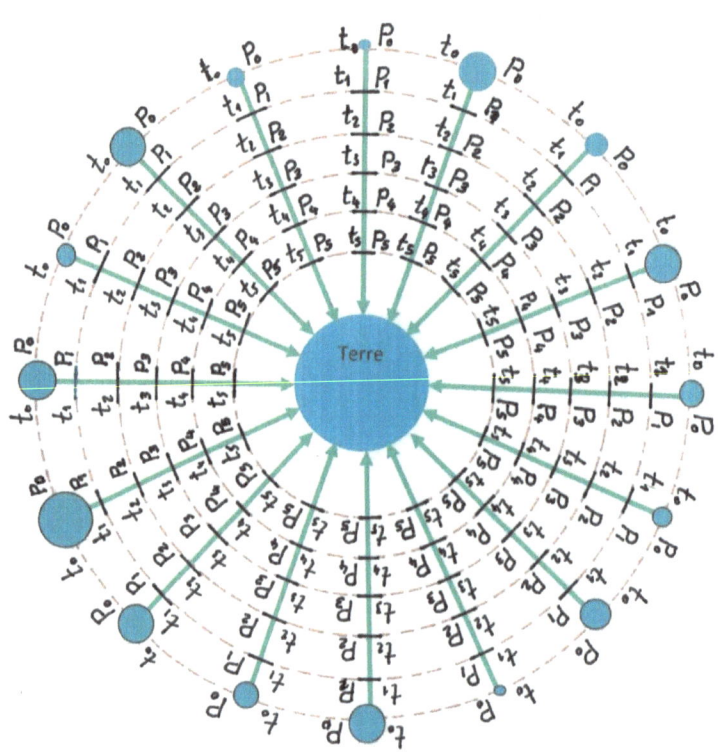

Fig.14. Chute libre de plusieurs objets sur tous les côtés de la surface te la Terre, à la même altitude et au même temps

La figure ci-dessus, montre que pour la chute libre, l'espace-temps de la pesanteur autour de la Terre peut-être représenté par des enveloppes sphériques concentriques, allant de la surface de la planète à une distance qui est normalement infinie ; et l'intervalle entre deux enveloppes voisines tend vers zéro.

Représentons cela par les sections A-A, B-B et C-C, des enveloppes espace-temps entourant la Terre ; en vue de face, vue la de gauche et vue de dessus :

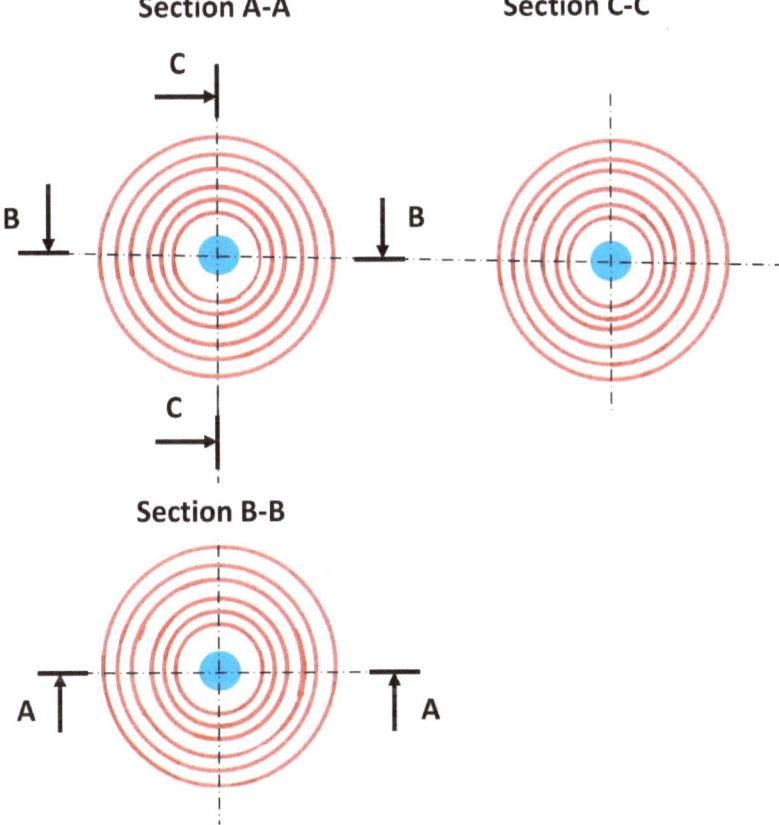

Fig.15. sections A-A, B-B et C-C, des enveloppes espace-temps de la pesanteur autour de la Terre ; en vue de face, vue la de gauche et vue de dessus

Si on représente les valeurs numériques du tableau 1 de ce chapitre, sur l'une des sections de la figure ci-dessus, on aura le schéma suivant :

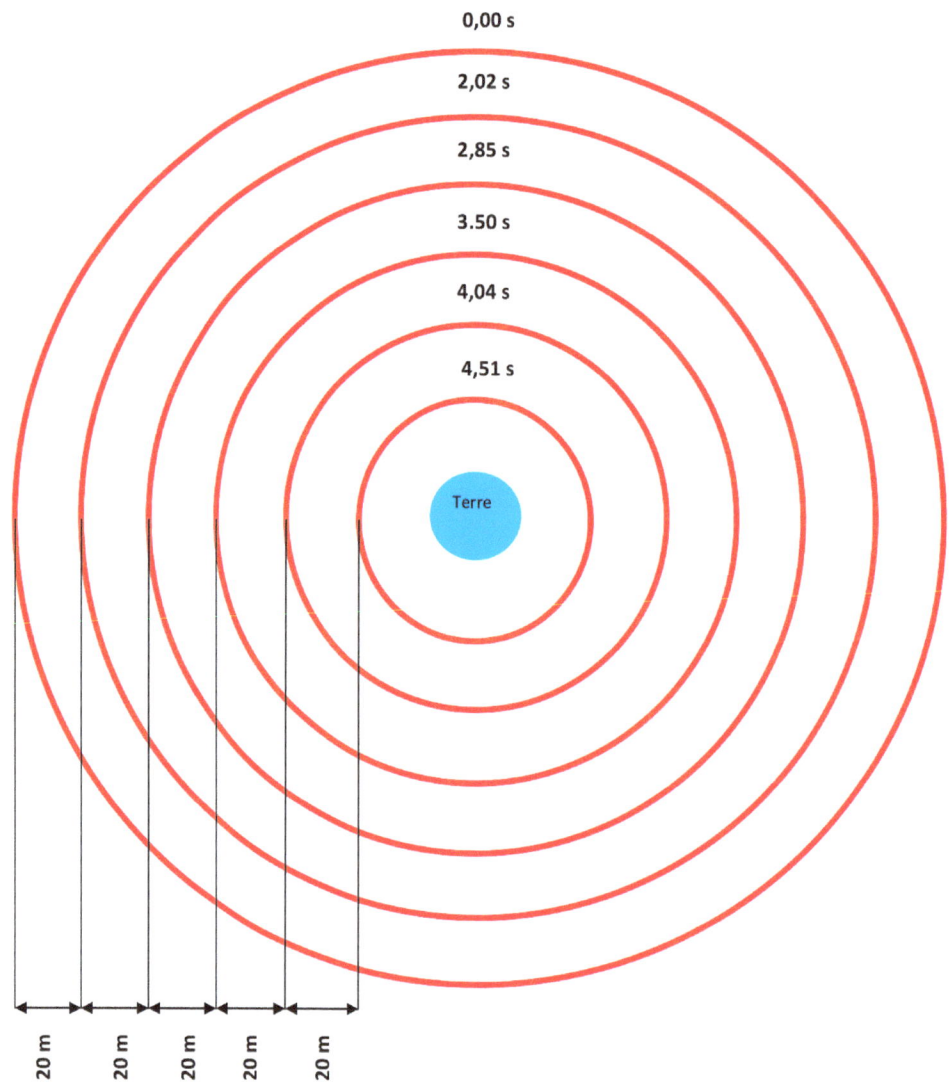

Fig.16. Représentation d'une section d'enveloppes espace-temps de la pesanteur terrestre, en valeurs numériques,

Donc, si un objet est situé sur une enveloppe espace-temps terrestre, et possédant une vitesse nulle (on omit son espace-temps dans le passé) ; il se dirige en chute libre vers le centre de la Terre, en allant d'une enveloppe espace-temps haute de la pesanteur, à une autre qui est basse ; comme la figure suivante le montre :

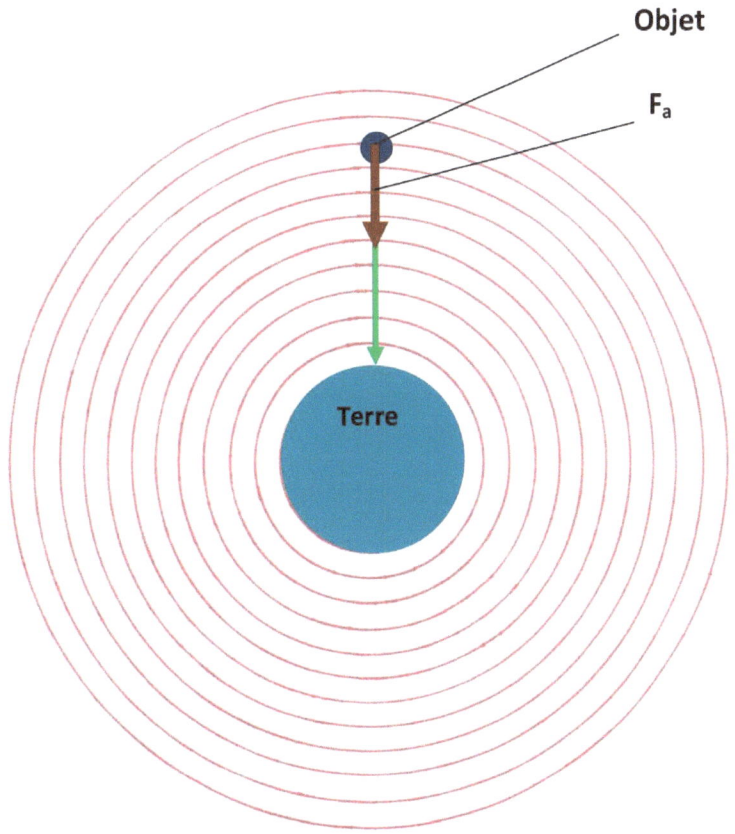

Fig.17. Chute libre d'un objet représenté dans l'espace-temps de la pesanteur terrestre, pour une vitesse tangentielle nulle

Jusqu'à là, on a l'impression que c'est l'astre qui crée l'espace-temps autour de lui ; mais en effet ce n'est pas le cas ! Car un objet isolé indépendant de l'influence de tout astre, se positionne aussi par les coordonnées de l'espace et du temps (x, y, z, t). C'est-à-dire, **l'espace-temps existe sans la présence d'astres.**

Prenons deux objets supposés indépendants de l'attraction des astres, dont l'un est immobile et l'autre est en mouvement rectiligne uniforme, et traçons leurs diagrammes espace-temps bidimensionnels :

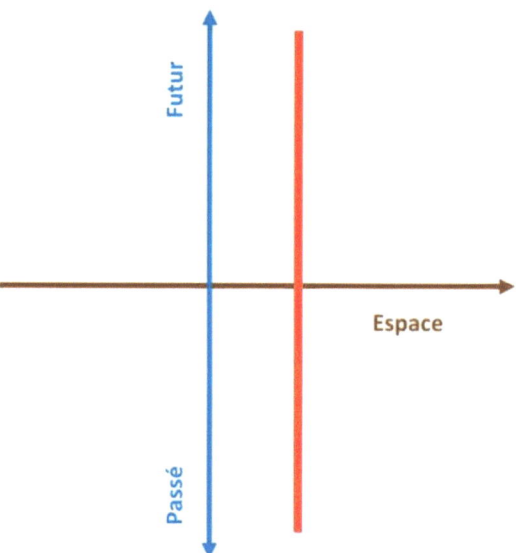

Fig.18. Diagramme espace-temps d'un objet immobile loin de l'attraction des astres

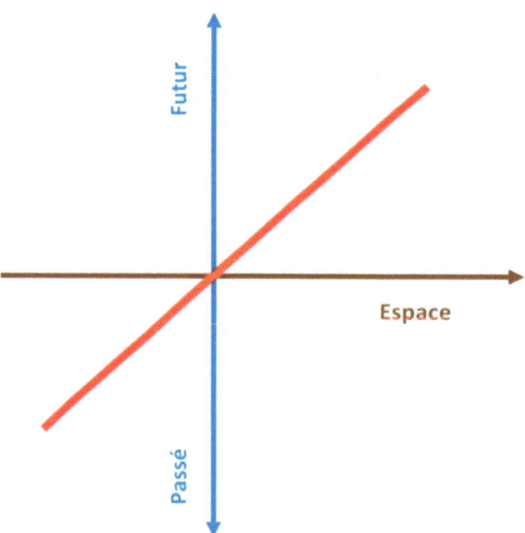

Fig.19. Diagramme espace-temps d'un objet en déplacement loin de l'attraction des astres

La figure 18 ci-dessus, montre que l'objet immobile considéré était, immobile dans le passé ; il est immobile dans le présent ; et il sera immobile dans le futur. Et la figure 19 qui est ci-dessus, montre que l'objet en question était en mouvement rectiligne uniforme dans le passé, et il est en mouvement rectiligne uniforme dans le présent ; et son mouvement restera le même dans le futur.

Mais si un astre s'approche à l'objet immobile ; ce dernier se dirige en chute libre vers le centre de cet astre, suivant une ligne droite (voir figure 17 de ce chapitre), conformément à un diagramme espace-temps bidimensionnel (xt, yt ou zt)(voir figure 13). Et si l'objet mobile s'approche à un astre ou vis versa, il se dirige vers cet astre suivant un chemin courbé ou spiral (voir figure 20 et 21 de ce chapitre), et il peut prendre aussi une orbite suivant laquelle il commence à tourner autour de cet astre (voir figure 23 de ce chapitre) ou tout simplement il sera dévié. Comme l'objet mobile se déplace suivant la direction de sa vitesse initiale, et en même temps vers le centre de l'astre, le diagramme espace-temps pour ce cas est tridimensionnel (x y t, x z t ou y z t).

De ce fait, on affirme que les astres déforment (c'est-à-dire modifient) l'espace-temps qui est autour d'eux ; en revanche, ils ne le créent pas.

Selon ce qui a été exposé dans ce chapitre, la déformation de l'espace-temps autour d'un astre, est causée par l'énergie gravitationnelle produite par l'attraction naturelle de ce corps massique.

Si un corps est situé à une certaine distance de la surface d'un astre ordinaire tel que la Terre, et possédant une vitesse tangentielle v non nulle ; on a plusieurs cas possibles :

1- Si la force centrifuge F_r créée par la vitesse tangentielle v et la masse de l'objet, est inferieure à la force F_a d'attraction de la pesanteur ; l'objet se dirige vers de la Terre suivant une géodésique d'espace-temps, qui est courbe, comme il est représenté par le schéma suivant :

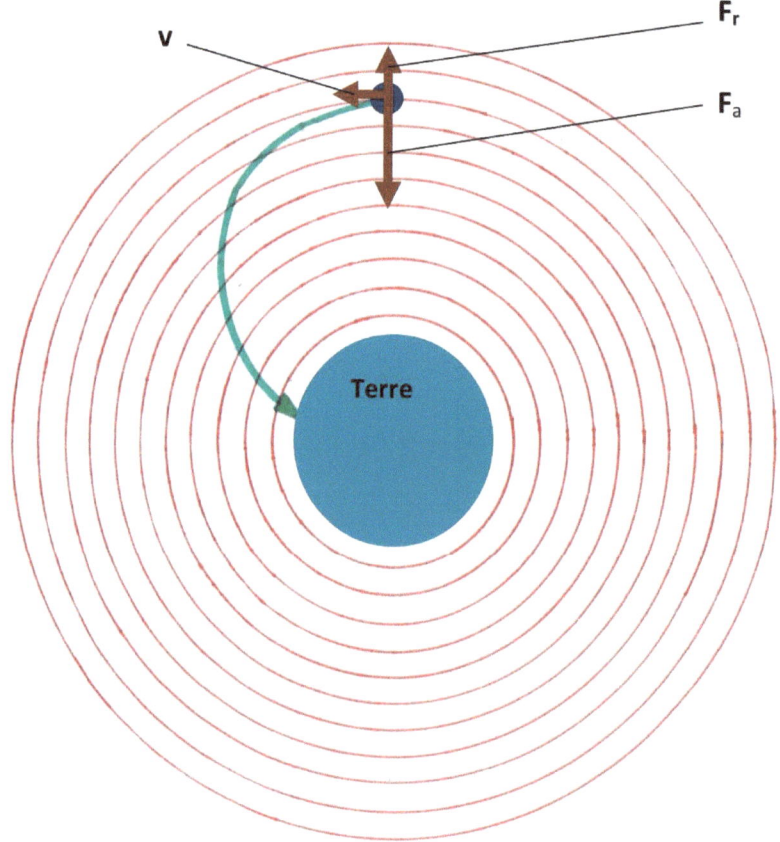

Fig.20. Géodésique d'espace-temps d'un objet se déplaçant prés de la Terre, pour le cas où la force centrifuge de l'objet, est inférieure à la force de la pesanteur

2- Dans le cas où la force centrifuge F_c créée par la vitesse tangentielle v et la masse de l'objet, n'est pas trop inferieure à la force F_a d'attraction de la pesanteur ; l'objet suit une courbure espace-temps possédant une forme spirale ; voir figure ci-dessous :

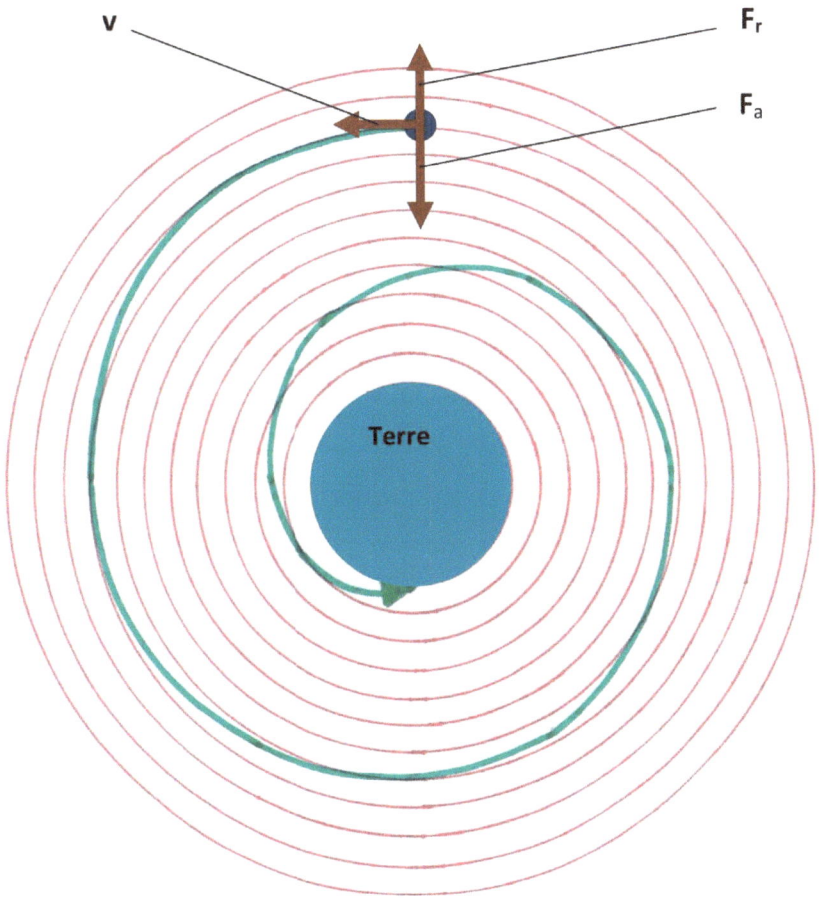

Fig.21. Géodésique d'espace-temps d'un objet se déplaçant près de la Terre, pour le cas où la force centrifuge de l'objet, n'est pas trop inférieure à la force de la pesanteur

3- Si la force centrifuge F_c créée par la vitesse tangentielle v et la masse de l'objet, est supérieure à la force F_a d'attraction de la pesanteur, le corps considéré ne se dirige pas vers la Terre ; mais il s'éloigne d'elle suivant une géodésique d'espace-temps courbée, par exemple le cas représenté par la figure suivante :

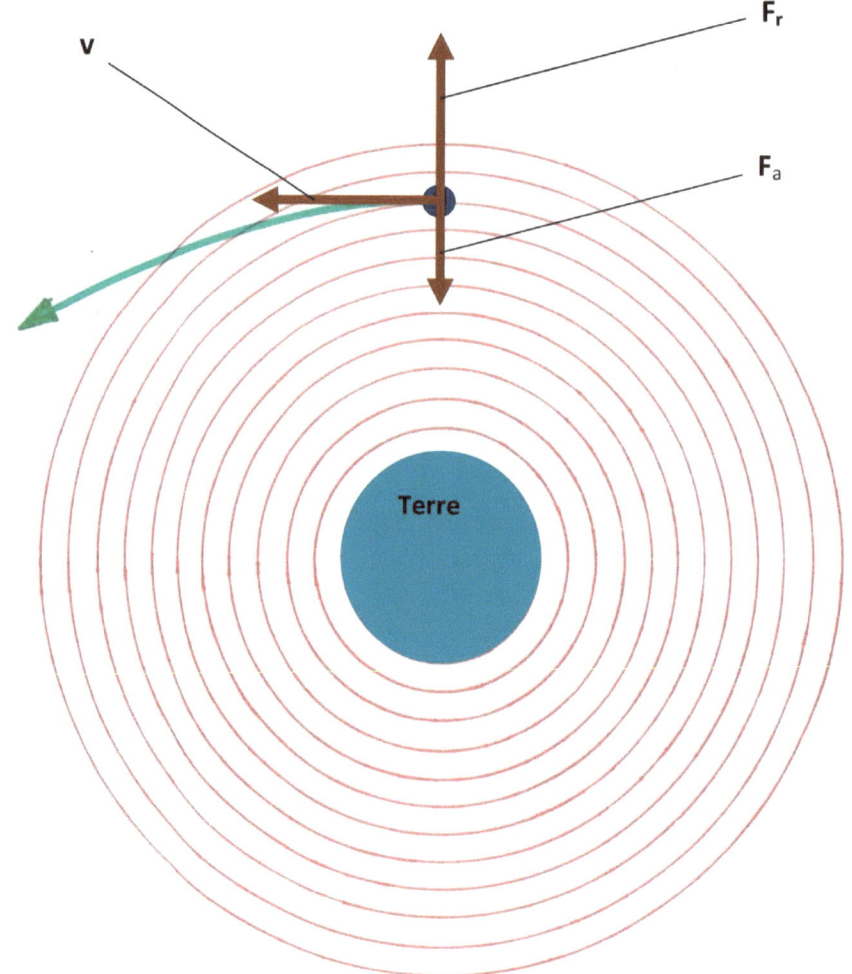

Fig.22. Géodésique d'espace-temps d'un objet se déplaçant près de la Terre, dont la force centrifuge est supérieure à la force de la pesanteur

4- Si la force centrifuge F_c créée par la vitesse tangentielle v et la masse de l'objet, est égale à la force F_a d'attraction de la pesanteur; l'objet considéré se met à tourner autour de la Terre, suivant une courbure espace-temps qui est une orbite (si on tient compte des perturbations astronomiques, l'exemple de cet objet, c'est la lune). Représentons cela par le schéma suivant:

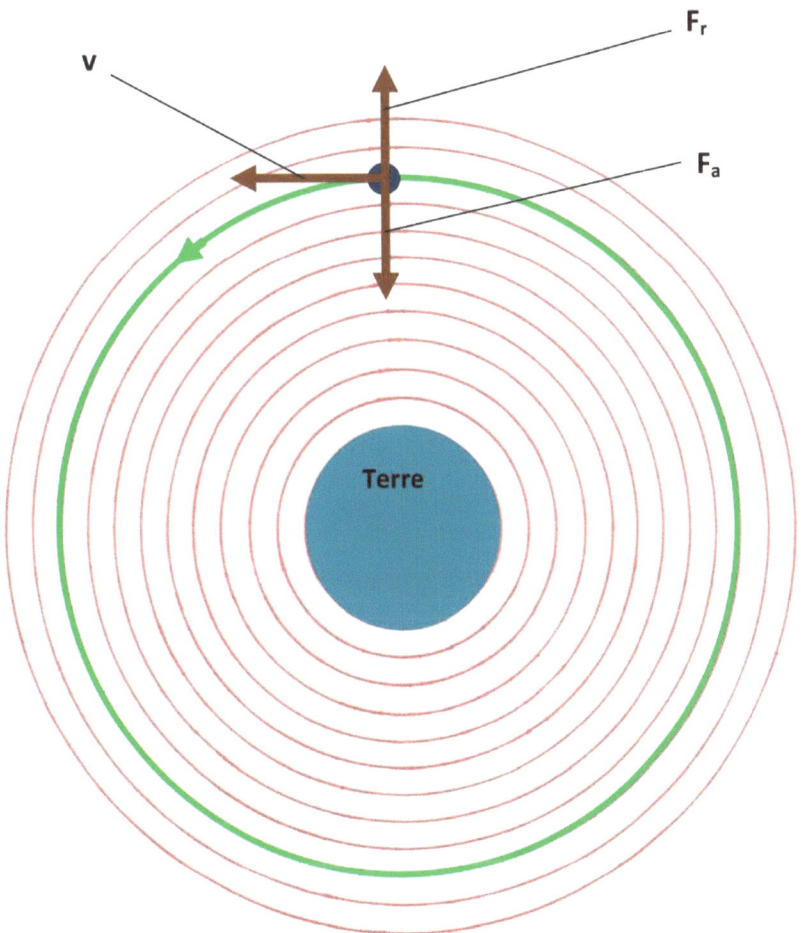

Fig.23. Rotation d'un objet autour de la Terre, suivant une courbure espace-temps qui est une orbite

Albert Einstein a introduit la gravitation dans un cadre relativiste où il considère que les corps massiques ne s'attirent pas, mais ils déforment l'espace-temps qui est autour d'eux. Pour avoir une idée sur cette pensée d'Albert Einstein, on peut comparer cela à une voiture qui roule sur une route avec une vitesse v ; et la même voiture qui est considérée immobile, et c'est la route qui se déplace au dessous d'elle avec la même vitesse dans la direction opposée.

Pour son travail sur ce sujet, Albert Einstein à utilisé l'algèbre tensorielle ; ainsi, selon les documents scientifiques de la relativité générale, son équation est :

$$R_{\mu\nu} - \frac{1}{2} g_{\mu\nu} R = k T_{\mu\nu} - \Lambda g_{\mu\nu} \qquad (32)$$

Avec

$$k = \frac{8\pi G}{c^4} \qquad (33)$$

Où $R_{\mu\nu}$ est le tenseur de Ricci ; $g_{\mu\nu}$ tenseur métrique ; R la courbure scalaire ; k constante d'Einstein ; $T_{\mu\nu}$ tenseur d'impulsion-énergie, Λ la constante cosmologique ; G la constante gravitationnelle newtonienne ; et c la célérité de la lumière.

Cette équation est très complexe à résoudre ; en effet sa résolution se fait généralement par les spécialistes de la relativité générale.
Les travaux d'Einstein ne remettent pas en cause la gravitation newtonienne car elle est très correcte, mais ils géométrisent l'espace-temps déformé par l'énergie de gravitation des astres dans un cadre relativiste. En outre, au moyen de la relativité générale, Einstein avait prédit plusieurs phénomènes astronomiques qui n'étaient découverts qu'après sa mort, tels que les lentilles gravitationnelles, les ondes gravitationnelles, etc.
La documentation scientifique proclame que les spécialistes de la relativité générale, disent que les résultats trouvés par l'application de la gravitation D'Einstein sont similaires à ceux qui sont trouvés au moyen de la gravitation newtonienne ; sauf pour les corps trop massiques tels que les trous noirs, et aussi pour certains cas particuliers tels que la précession du périhélie de Mercure...